硬派工作
以压倒性努力正面突破困境

程亮 译

[日] 见城彻 藤田晋 著

前　言

"三十岁以后对我影响最大的人，大概就要数见城先生了。"

和见城社长一道坐新干线去了山形县的东北艺术工科大学（我任该校顾问）后，我在独自返回途中突然生出这个想法来。

二十多岁时，我初入社会，冒冒失失地开始工作，一直有件事如鲠在喉——我不知该如何与"凡庸"和"泛泛"相处。在组织里丧失个性、为了不被社会排斥而变得保守、表面化的应酬越来越多……我隐约明白，作为企业人，要想在企业社会中生存下去，这些自然发生的负面情况是不可避免的，但要我若无其事地以这种状态走自己的人生路，我做不到。所以我一直很迷茫，不知该以怎样的态度去面对。

在这些疑问的困扰下，是见城社长第一次让我清楚地认识到什么重要，什么没用。

我和见城社长的初次畅谈，是在2005年春天的一次聚餐上,当时席间还有作家五木宽之先生。那年我三十一岁,正计划将互联网事业的重心从广告代理移向媒体(Ameba 网站),但我不知道互联网媒体的内容该是什么样子的,看不见前路,一直在拼命寻找答案。我想彻底弄清楚,既有媒体与互联网媒体存在哪些异同。

后来,通过与幻冬舍的业务合作,以及双方合资创建 Amebabooks 新社[①]等项目,我从见城社长那里认识到了互联网内容的应有形式——它是具有普遍性的。当然,由互联网这一形式所决定的特性必然存在,但人们希望通过电视和出版物看到的东西,与希望通过互联网看到的东西,在本质上是完全一致的。此外我还明白了,相较于既有的媒体,在动一动鼠标就能随处畅游的互联网世界里,人们对凡庸的东西更是看都不会看上一眼。

而且,我当时还在着手创建以二十世纪日本式经营为参考的公司。我开始重视团队内部的和谐和睦,致力于福利保障,打算转舵变向,把 Cyber Agent 发展成为留得住人

---

① Amebabooks 新社是日本第一家博客出版社。——编者

的公司。当时正值终身雇佣、年功序列等制度崩溃，奉行成果主义的冷漠无情的公司越来越多。在这样的大环境中，我反而选择了一条与时代浪潮背道而驰的路。

在互联网这种数字世界里工作的人，往往只追求合理性，从而导致人际关系变得淡薄。其实，在我三十岁以前的 Cyber Agent，就曾有过一段这样的时期。然而，商业社会毕竟也是人际社会，离不开相互的信赖。事实上，工作终归要由人来完成，是平凡而辛苦的，离开义理人情不可能成功。这在数字世界里也是不变的真理，以年轻人为核心的公司同样如此。

所以我开始确信，在工作中，通过发自真心而非浮于表面的交流来构筑信赖关系，比什么都重要。

而且年过三十以后，我也迎来了必须重新审视人际关系的阶段。二十多岁时，我没有先入之见，陆续认识了很多人，结果光是应酬眼前的人就耗光了我的精力，根本没法充分保证与真正重要的人物交往。

关于工作中的人际交往方式，我受见城社长的影响尤深。他那些振聋发聩的金玉良言，在本书中将悉数登场。

本书各章节标题的珠玑之言，均出自见城社长之手。对于个别文学性的、情绪化的言论，我按自己的理解，添加了基于我个人亲身体验的解释，以便于年轻人理解。

从2010年下半年到2011年3月11日，为了这本书的出版，我和见城社长每周都要碰一次面。光是制作本书的过程，就叫我打心眼里觉得享受，也是我这个年龄的经营者所难得的宝贵经验。

写这段前言之前，我曾反复阅读成稿，以前同见城社长交谈时所感受到的工作的乐趣和深意，又在我心里复苏过来。对我自身而言，这本书也无疑是今后人生中的圣经。

藤田晋

目　录

前　言　001

第一章　做人的基本　001

小事也得耿耿于怀　002

拨出的电话不要先挂断　006

自我表现与自我厌恶是"双胞胎"　010

努力在自己，评价由他人　014

坦荡第一，堂堂正正　018

第二章　锻炼自己　023

工作太顺利，心里要生疑　024

不要参加派对　028

"极端"是命　032

困境正是做出决断的最佳契机　036

他人将如此程度的努力称为运气　040

毕加索的立体主义，兰波的军火商人　044

宁为山顶上的冻死猎豹，不当山脚下的饱食肥猪　048

不郁闷，非工作　052

第三章　抓住人心　057

如果当时名片用光，事后要用快递送上　058
打算借天气话题进行交流的酒店服务员是最差劲的　062
如果不想去，就别说"下次一起吃饭吧"　066
不要和初次见面的人去唱卡拉OK　070
不刺激就抓不住对方的心　074

第四章　打动别人　079

每次请求的百对一法则　080
无偿行为才能创造最大利益　084
凶猛如天使，细腻似恶魔　088
别当良药当毒药　092
唯有恋爱才能培养对他人的想象力　096

第五章　走向胜利　101

条条大路通自己　102
就要花钱买罪受　106
打击率33.3%的工作哲学　110
创造"世上前所未有的东西"　114
导演一场鲁莽，将其变成精彩　118
大热是地狱的开始　122

第六章　指向成功的动机　127
胜利者一无所获　128
不劳无获　132
运动是工作的空拳练习　136
葡萄酒是工作男人的"鲜血"　140
去不了"京味"餐厅就放弃工作　144
是男人就要战斗到流尽最后一滴血　148

后　　记　152

第一章

做人的基本

小事也得耿耿于怀

"上帝存在于细节之中"
这句话出自某建筑师之口,
它也适用于工作。
容易被忽视的细节当中,
恰恰隐藏着决定成败的关键。

从刚进入角川书店工作的新人时期起,我就一直把这句话当作座右铭奉行至今。

正所谓,一屋不扫,何以扫天下?年轻时看着同事们的表现,我就会产生这样的想法,后来自己有了下属,这种感觉就变得愈发强烈。

幻冬舍有几位清洁女工。她们在工作过程中,逐渐成了幻冬舍的书迷。一次我去洗手间,其中一位阿姨跟我说:

"见城先生,我读了《永远的仔》的上卷,觉得特别有意思,下卷也一定会买的。"

"哎呀，谢谢。不过您不用买。我现在手头没有，但三天之内就能把书给您。"

她听了很感激。

像这类口头约定，一般人并不会遵守，而我第二天就叫埼玉县仓库的工作人员寄来上下卷，并请作者签上名，送给了那位阿姨。

我之所以这样做，并不只是出于诚实。诚然，言出必践是应该的，但除此之外我还觉得，任何事情都有可能变成商机。

说不定，在她今后工作的公司可能发生举世震动的大事件，而她作为重要的证人，肯定会允许幻冬舍优先采访。

我的想法很功利？可要知道，所有人际关系都构筑于细微的感情之上。无论做什么事，如果忽视感情，都不可能顺利。人是有感情的动物。工作中看似是基于理性的人际关系，一旦剥掉薄薄的表皮，就会露出下面厚厚的感性层。除了感情，义理和恩情也不能忘，这很重要。我认为，要是不理解义理、人情和恩情，做什么事都不会顺利。

"别对小事耿耿于怀"——作为人生训条，确是这个道理。然而在工作中，不对小事耿耿于怀，就无法打动对方。

小事不愁，何谈成大事呢？

⑪

我公司的业务员，经常在眼看着就能拿下数千万乃至数亿日元的巨额交易时，在最后关头功亏一篑，而原因正是一些看似微不足道的小事令对方感到不安。

例如，有的人在商谈过程中，对于交易对象所提出的问题回答得很妥当，可是到了商谈结束、客套闲聊的时候，却暴露出了自己在知识上的匮乏；有的人对于交易对象提出的"把那个商品送给我吧"的请求，当时满口同意，可最后却没送……

对方是冒着价值数千万乃至数亿日元的巨大风险下的订单，所以哪怕是微不足道的小事，如果业务员不放在眼里，对方也会感到不安，担心此人不足以承担重任。

生意场上，往往在意想不到的地方存在陷阱。

上司与下属的关系也一样。上司乐意提拔的，是那些对于上司委派的小事也能认真响应的下属，或是失败时能够主动向上司汇报失败原因的下属。反之，在这些事情上怠慢疏忽的人，上司是不会委派重要工作的。所以，越是上司委派的小任务，越应该完美地完成。

对于别人的帮助，一声道谢是应该的。这似乎也是无足轻重的小事，可实际上却很重要。

以前有个下属离开公司独自创业，拜托我为其新出的商品做宣传。我就在推特等社交媒体上帮他宣传了，也算是借此表达祝福。可是自始至终，他连一句谢谢都没说过。

他或许以为，像我这么忙的人，不会在乎这些小事。然而，我恰恰对这种事特别在意。

独自创业成功的人，哪怕是做出很小的约定，最后也会守诺。正因为他们做人做事不敷衍，才能使公司壮大起来。后来没过多久，那人又有事求我，这次我是这样说的：

"见城社长说过：'小事也得耿耿于怀。'所以，这次我拒绝。"

拨出的电话不要先挂断

> 礼仪，
> 本是人类有意义行为的形式化产物。
> 在生意场上，
> 它表现得毫不起眼，
> 但确实有着举足轻重的作用。

给别人打电话，自己却先挂断的人，是不值得信赖的。我接到别人打来的电话，只要听见听筒里传来"咔嚓"的挂断声，就会气得骂对方是混蛋，决定下次再不理睬。

打电话本就是一种很失礼的行为。

因为你不知道对方正在做什么。如果正在做重要的事，打电话就会打断对方，迫使对方即便不情愿也得拿起电话应付几句。

像我们这些人，经常给作家打电话。说不定对方当时就在执笔写作，而笔是随势而动的，一旦势被打断，笔锋就会变得滞涩。

打电话就好比不打招呼直接登门，是自作主张的行为。挂断电话的权利只在接听的一方，拨打的人无权挂断，否则就成了主客颠倒。

我给别人打电话，一定会等对方先挂断。

有一次我不在家，有人留言"请回电"，结果我打过去，却发现是对方有事求我。我心想："开什么玩笑呢！"当时就决定不再理会那个人。还有的人明明关系不熟，通电话时却自来熟般地"嗯，嗯"着随声附和，这也是极其失礼的。

还有递名片，许多人的做法也很可笑。

那种用一只手把名片丢给对方的人就不用说了，有的人来找我采访或有事相求，却隔着会议室的桌子递名片。分明是我迁就他，他却毫无自知之明，还如此偷懒耍滑，简直岂有此理。这种场合还偷懒，根本就是感觉迟钝。每次遇到这样的家伙，我就想说："你，到这边来嘛。"因为不想再见这样的人，所以我总是会草草地结束谈话。

通常，我递名片都会先走到对方身边。如果有多个人，我会逐一递上名片。

在很多场合，交流关系是存在上下之分的。这一点必须弄清楚。在这方面是否足够敏感，给对方留下的印象将有云泥之别。

成败由此即见分晓。

㊅

在生意场上，当然所有人都想赚钱，都想成功。事实上，其中有很多人轻视他人的利益，只顾着自己赚钱。在股票交易等零和博弈世界中活下来的人，这种倾向尤其明显。

然而，生意场并不是一个冰冷机械角力的舞台，而是由血脉相通的人构成的。一旦其中出现利己主义者并取得成功，其他人就会产生定要将其击垮的欲望。所以，不能控制利己情绪的人，是无法生存下来的。

我的朋友堀江贵文，在经历过活力门事件后，曾深有感触地说：

"没想到反感的力量竟然强到这种程度。"

堀江的意思是说，他当初行事过度重视合理性，才会招致那样的后果。直到那时，他才第一次意识到生意场上成规的重要性。

一个人眼看着自己当初本想投资却没投资的公司大赚四方，或是一个人目睹自己在草创期辞职的公司发展得越来越好，都会心生恨意。也就是说，越是成功的人，敌人必然越多。

为了尽量不多树敌而花费的成本，可能看起来不合理，没什么用。其实不然。

我公司的业务尽管以互联网为主，但与媒体世界内的奠基者们——广告代理商、电视台、艺人经纪公司等——有着很深的关系。作为后进，我们必须对前辈给予应有的敬意。

也许这么说有些难听——生意场上的敬意，很多时候指的就是金钱。只有建立起能让利益相关者获利的机制，让越来越多的人站在自己这边，公司才能发展壮大。

请牢记，不遵守这种成规的代价是相当大的。

自我表现与自我厌恶是"双胞胎"

> 每个人都是矛盾的,
> 而这矛盾能成为最强大的武器。

毋庸赘言,自我表现欲是工作的原动力。在各领域崭露头角的人,无一不具备强烈的自我表现欲。

但光是这样可不行,还得有等量的自我厌恶。

有魅力的人,必然同时具备自我表现和自我厌恶,二者就像双胞胎。只有让这二者摇摆起来,才能拓宽人格的幅度,成为映在他人眼中的超凡魅力。届时只要心随意动,即使外表不现端倪,也能兴风、生热,造成影响。这就是该人的灵气。

这样的人能吸引很多人追随左右。

反之,那些没有这种两极的人,也就是只有自我表现欲的人,在别人眼中不过是讨厌鬼罢了。没人愿意跟讨厌鬼来往。

在出版界，常有机会接触到具备自我表现欲的人。是肤浅的野心家，还是新事物的创造者，一目了然。

关键就是看其人具不具备自我厌恶。从这个角度去看，立刻就能做出判断。野心家一贯只会自我炫耀，并能从中得到最大的喜悦。其中不存在他人的视角。

与之相反，创造者总是会考虑其自我表现欲会以怎样的形象映在他人眼中。为此，自我肯定和自我否定会反复交缠。这样的纠结就能孕育出魅力。

我从别人身上偶然窥见一丝自我厌恶时，心里就会想："这个人可以交往。"

坂本龙一是我的工作伙伴，也是我的老朋友。他是举世公认的大音乐家。有段时间，我和他几乎每晚都要通宵喝酒。那时我俩都还年轻，彼此较劲，互相刺激。尽管当时没人明确说出口，但各自的自我厌恶确实成了我们二人的交点。

他的音乐很美妙，但背后隐藏着其内心深深的忧苦。他就在这两极间不停地来回摇摆。

支撑其丰富旋律的，正是自我厌恶。

㊅

通常，企业家就像一团自我表现欲的凝结体，但到了实际开始创建公司的时候，他们就会发现，自我表现欲有时会妨碍组织的发展。

真正优秀的经营者，当公司发展顺利时，几乎从来不会居功，而是会把成果归结为所有员工的努力；而当公司发展不顺时，他们则会自揽责任。

有的经营者总是大声嚷嚷自己的能力多么出众，但那其实只是自卑与不安的反映。如果他真的自信大家都认可并尊敬自己的功绩，反而没必要这样说。越是表现自己的优秀，越会适得其反。比如游说某个人时，对方可能当场表现出已经接受的样子，但内心其实是反感的。

事实上，经营者和上司的自我表现欲，有时还会打消下属的积极性。我以前在某公司工作时，曾费尽辛苦地拿下了一个大订单。当时，我的上司当着所有人的面扬扬得意地说："这笔订单是因为有我帮忙才拿下的。"的确，他在最后阶段是帮过忙,但我仍非常沮丧,不仅失去了干劲,也失去了对那位上司的信赖。

能够最大限度地激发员工能力的人,才是优秀的经营者。不过,自我表现欲毕竟是工作的原动力,况且很多实务场合也需要自我表现。那么,怎样才能在自我表现和自我厌恶之间取得平衡呢?

关键在于,经营者应该时刻注意采取正直、开放的姿态。

譬如,再有自信的人,心里也肯定存在不安和迷茫,而这种不安和迷茫,完全可以坦率地在对方面前表现出来。

真正有魅力的人,除了能够展现强大的一面,也不惧暴露弱小的一面。千万不要忘记,夸夸其谈地表现自己的优秀,并不能赢得真正的支持。

㊣

努力在自己，评价由他人

> 宽容本应是面向他人的。
> 但工作中的宽容，
> 却多是面向自己的。
> 意识到这个陷阱，
> 就是成熟的证明。

努力的是自己，根据结果评价努力的则是他人。

说起来理所当然，却有很多人并不知道这一点。

这里的"努力"一词，根据我自己重新定义，只有付出了常人难以企及的压倒性努力，才有资格称为"努力"。通常所说的"努力"，当不起这个名字。

二十多岁时，我想同景仰已久的作家石原先生共事。当时，石原先生已是成名的大作家。我心想，二把刀的状态可得不到石原先生的认可，于是就把自己上学时反复读过的他的文章的全文背了下来，初见石原先生时，就当他的面开始背诵。石原先生当时苦笑着说:"明白了,别背了。我和你一起工作就是了。"

压倒性的努力,必将结出硕果。

幻冬舍创立伊始,石原先生来到我们办公室所在的杂租写字楼,对我说:"要是我还有什么能帮你的,一定帮你。"他当时的表情,至今仍历历在目。后来,先生的一本创下百万销量的书就诞生了。其时距离我们初次见面已过去二十年。

然而,就算付出极大的努力,也只有自己知道。评价结果的是上司、客户和世人。也就是说,努力的一方和应接的一方,是毫无共通认识的、完全不同的两个主体。二者之间存在着一道无奈的、绝望的鸿沟。

以前,幻冬舍有位员工,看起来工作特别努力,做任何事从不偷工减料。要是工作多得忙不过来,他会扎上头巾,带着睡袋,在公司里起居。他为人诚实,性格也好,谁都挑不出毛病。他的存在也在精神上给了我很大的鼓励,所以我真心希望他能做出成果,可惜事与愿违,他后来还是辞职了。

我当时也替他难过,就对他说了这样一句话:

"评价结果的是我,与你的努力过程无关。"

⑨

经常有人说:"请重过程别重结果。"我每次听到这样的话,都感到非常违和。

我是经营者,所以就算员工没出成果,只要认真工作了,我就会再给机会。但是,如果其本人希望我能看重过程而非结果,那我就有些担心了:他在工作时究竟把焦点对准哪儿了?我从没见过这样的人能做出成果。

归根结底,工作就是胜负之争。不想胜利的人,是不可能胜利的。所谓过程,不过是结果论的副产物罢了。

能做出成果的人,一眼就能看出来。他们的眼神异于常人,是那种猎鹰盯着猎物般的凶狠眼神。他们的目标自始至终都是胜利,并不会天真地寄望于别人评价过程。

这样的员工,即使听到别人夸赞"你最近真厉害,太努力了",他们也不会面露喜色,只会若无其事。

这是因为,他们还没得到满意的成果。为了做出成果,努力是理所应当的,就算努力的过程受到夸奖,对他们来说也没有任何意义。

常有人志得意满地说:"我现在是社长了,跟以前上班时不一样了。"这种人和别人交谈时,总是表现得趾高气扬,似乎拿出社长名片向别人展示,或者参加经营者之间的会议,对其而言就是价值所在。

相反,对于那些真正想让自己的公司获得成功的人来说,就任社长这件事本身没有任何意义。

他们肯定觉得,既然还没有收获成果,就没有任何值得骄傲的。

社长不过是个职位,只要想当,任何人都能当。

坦荡第一，堂堂正正

> 不入虎穴，焉得虎子。
> 置之死地而后生。
> 有时只有做出必死的打算，
> 才能找到生路。
> 对于人生，这是真理。

"长崎蛋糕是第一，电话编号全是二，三点的零食是文明堂……"

在我儿时，有这样一支广告歌曲。不记得从什么时候起，我把歌词改成了"坦坦荡荡是第一，电话编号全是二，三点的零食是堂堂正正……"每次重要谈判之前，我一定会哼唱这首歌。面对普通工作，玩些战术策略自然无关紧要，但在需要做出重大决断的场合，或是陷入困境时，坦荡才是第一选择。

我之所以离开角川书店，是因为时任社长的角川春树先生因某事件而被逮捕了。

春树先生被捕以后，他的亲弟弟角川历彦先生立刻回到了角川书店，以图东山再起。预定接任社长的他两次把我叫到饭田桥的咖啡店，表示公司重建无论如何都需要我，希望我务必留下来。

我当时是董事。我能在四十一岁成为董事，全赖春树先生提拔。当初历彦先生因与春树先生竞争失败而离开公司时，我就站在春树先生这边。那会儿我正打算独立出来办出版社，可是前景一片模糊，资金来源也没有着落。要说我对历彦先生的提议没动心，那是假的。

可我还是坦荡地跟从了自己的心。

"我之所以能有今天，多亏春树先生关照。而且，我属于把历彦先生您赶出来的那伙人。既然您回来了，像我这样的人就不能留下来了。"

其实还能说得委婉隐晦些，但我没那么做。就算是为了下定最后的决心，我也想保持坦荡。

我当时的心境，近似于大石内藏助的绝命诗中的意境：

"快哉！灵台清明，舍生取义，浮世月净，片云不遮。"

（此刻的心情很爽快。为主君报了仇，积年恨意一扫而空。尽管为此切腹，我心却澄明如月，没有半点阴霾。）

如此一来，我才能神清气爽、堂堂正正地迈上人生道路的下一个台阶。

㊢

在决定成败的紧要关头，没什么能比得上坦坦荡荡、堂堂正正地正面突破。

公司草创时，我每周要工作百十来个小时。周六不休息，平日从早九点到深夜两点。这大概是人类工作的极限了吧。我感觉自己只要醒着就在工作。

当然，在那以前我没经营过公司，但只要不顾一切地坚持下去，总能见到光明。

创建 Ameba 时也是如此。

我的经营风格不是上令下行式的，而是让员工自主工作。不过我当时是综合制作人，只要是与 Ameba 服务有关的事情，必须有我的批准才能进行。

当时，我们在广告代理的领域比较强，并不擅长制作面向用户的有趣内容。我觉得，如果不能克服这个困难，公司就无法进步。于是，我自然要先站出来做个表率。这完全就是改变企业形态，从 B to B（企业间交易）变成 B to C（企业与普通消费者的交易），所以二把刀的状态可不行。

服务内容自不用说，就连艺术字、颜色等细节部分的网页设计，我也提出了自己的意见。尽管负担很大，可要是我不做的话，员工也做不到。无论过去还是现在，我整天都在出席 Ameba 的会议。

如今我还兼任着技术负责人的职务。当然，我这个社长并非技术员出身，但我想把我们公司发展成全日本最有技术力的互联网企业。

有的人早早就决定了自己的特性，但那样做岂非相当于扼杀潜能于襁褓之中？在我看来，人有无限可能。

要想开拓新的道路，关键是要从正面一决胜负，要具备正面突破的坦荡心态。

（藤）

第二章

锻炼自己

工作太顺利,心里要生疑

所有人都想避开麻烦。
但是若能迎难而上,
就可以开辟出一条脱离凡庸的道路。
只有在荆棘之路上步步前行,
才能接近胜利。

我上学时参加英语考试,会从英语作文——最难的题目——开始解答,然后是阅读理解,最后才是语法。我不喜欢解答过半数的人都会的题目。

有时,我甚至由于在难题上耗费太多时间,结果来不及做简单的题,考试就结束了。然而,表面上的分数无所谓,我从小就喜欢挑战做不到的事。

自己能轻松解决的问题,别人也能。这就分不出差别,所以没意思。

工作亦然。当工作进展顺利时,绝不应自我感觉良好,而是该心生怀疑。

在这种时候,我会故意挑那些艰苦的、看似不可能的事情去做。我会做别人不做的事。

换句话说,为了如履薄冰,我会主动把冰面踩薄。

由此产生的压力,才能带来有效工作的实感。只有承受住这样的压力,才能从芸芸众生中脱颖而出。

在我看来,学生时代的学习也好,成年以后的工作也好,本质上是一致的。炫耀自己每天学习多少个小时,是最没意义的事。就算每天学习十几个小时,如果只解答简单容易的题目,学力是不会有半分进步的。以前班里就有这样的倒霉学生,不管怎么努力学习,成绩就是上不去。

时间这个东西,会令人产生错觉,误以为用时越久,就越有意义。这种想法是多么愚蠢啊。

工作也是如此。花的时间再长,如果只做简单的工作,就不用奢望成果了。

重点并不在于用时的"量",而在于工作的"质"。挑战多数人认为"不可能"的事,才是关键。

总有一天,这样的姿态会结出无形的硕果。

我特别喜欢将棋名人①羽生善治。因为他有逻辑地阐释了自己的哲学，而其哲学也适用于商界。

羽生名人在他的著作里如此说道：

"如果局势发展尽如自己所料，就需要格外小心，因为这往往是对手刻意诱导造成的，所以十步以后的棋路将很难看清。"（引自《为了持续出成果》）

将棋是一对一的较量，需要战胜的对手就在眼前。

尽管很多工作并非如此，但肯定也存在相对的竞争对手。首先要明确这一点。

例如，假设我想到了某个互联网服务的创意。如果是没费什么劲，一下子就想到的，那这创意基本没用，因为随便一个人都能想到，毫不稀奇。事实上，即便是很有自信的创意，放眼望去就会发现，可能已有十个人想到了几乎一模一样的创意。在互联网界，这样的事屡见不鲜。

所有工作的目的都是创造价值，因此附加价值就成了区别自己与对手的关键。如果跟对手一样，甚至不如对手，

---

① 日本将棋界最高称号。现为名人战的胜者称号。

那就必败无疑。只有超过对手,才能创造价值,而且超过的程度越大,价值就越大。

然而,这条路绝非坦途。但也正因如此,才能创造附加价值。走这条路需要付出非同小可的劳力,但也正因如此,才能生出差别。付出的劳力越大,创造的价值越大。

而且,每次成功跨过障碍,都能与某个无人能够模仿的事物更近一步。

一切工作的苦与乐,不正在于此吗?

不要参加派对

> 世上有许多无意义的事物。
> 而且麻烦的是,
> 它们会无端地接踵而至。
> 摒弃这些无意义的事物,
> 就能削掉赘肉,
> 得到工作人应有的结实身体。

我特别讨厌派对,光是听见这个词就会反胃,甚至觉得其正确翻译该是"泛于表面的集合"。

参加派对的人,十有八九都说着固定的台词。

"最近怎么样?"

在那种喧闹嘈杂的场合,突然被人如此问起,大概没人会把自己的近况准确地一一道来,所以谈话势必流于表面。我讨厌在这种事情上浪费宝贵的时间,所以向来不去参加派对。

而且，派对最容易令人们彼此误解，给双方的心灵留下创伤。

比如，我在某个派对上遇见一个以前关系挺近的人，但我当时正在和其他人交谈，所以双方只是轻轻点头示意。我不得不继续眼前的谈话。等好不容易聊完，我再去找他，却无处可寻了。他是不是因为我先前的举止轻慢而伤了心？我当时真是悔得肠子都青了。

我敢断言：喜欢派对的人，没一个能做好工作。

总之，喜欢派对的人，要么是为了享受出席时的自我陶醉，要么是想结识有实力的人（有权势的人、名人等），企图以之为武器。然而，这只是耍小聪明。人与人之间真正的关系，是无法通过这种途径获得的。

对于这样的人来说，在派对上聊过两三句话的人，就算是"熟人"了。他们会迷失其中，借此炫耀，错以为自己形成了"人脉"。派对上到处都是像他们这样产生错觉的、耍小聪明的人。跟他们扯上关系，有什么好处？显然有百害而无一利。

我只要遇见像藤田一样有前途的后辈，就一定会告诉他们：

"如果你这辈子想成功，就绝不要去参加派对。"

⑪

二十多岁时的我，什么也不懂，有个前辈劝我尽量出席一种名叫派对的场合。其实有段时期，我确实在按他的话做，期待自己能借参加派对增加人脉，拓展事业。

可我最终得到的，只是一大堆过后连长相都想不起来的人的名片。我的名片也总是很快就发完，所以一直在忙着订购名片。

参加派对的收获几乎为零。这是我亲身体验后得出的结论。

说起派对，倒是有件趣事。2000年互联网泡沫时期，集中在涩谷的互联网风险企业被称为"位谷（Bit Valley）"，当时我、堀江贵文、三木谷浩史等人在聊天时提到，位谷附近有个每月举办一次的派对，据说总是有很多人参加。可我只去过一次，而且仅仅做了个十五分钟左右的演讲。

一问别人，堀江和三木谷也一样。

我就是觉得，我看透了派对这种东西的真实模样。

简而言之，去派对的人，是怀着一种群聚的心理。他们不敢一个人活着。如果真的决定不去派对，就会感到寂寞。

可我认为，倘若真心渴望成功，就必须耐得住孤独。因为所谓成功，就是把事情的决定权——独自判断的权利——握在自己手中。事实上，站在组织之上的人，总是会感受到深深的孤独。

所以我觉得，真正的成功者是不会参加派对的。如果真的想与成功者加深交流，成为能够分享孤独的人才是捷径。

成功不会因群聚而诞生。当一个人意识到群聚之无意义的时候，就是他踏上成功之路的开始。

(藤)

"极端"是命

> 世间事物有中选和落选之分。
> 所有人都想中选,
> 然而奇怪的是,
> 很多人并不具备相应的策略。
> "极端"是中选策略中最大的关键词。

于我而言,最重要的就是"极端"。

"极端"的东西,遥遥领先于同类,具有出类拔萃的独创性,是明快的、创新的。

"极端"的东西摆脱了固有概念,具备冲击力和吸引力。

那么,怎样才能创造出"极端"的东西呢?只能憎恶"中庸",并以做到最好为目标付出压倒性的努力。

所谓压倒性的努力,含义其实非常简单,就是指别人睡觉的时候你不睡,别人休息的时候你不休息。还有,面对无从着手的庞然大物,要想方设法切实着手,并坚持做到最后。

我是在 1993 年 11 月 12 日登记创立幻冬舍的。当时的办公室是四谷一栋杂租写字楼的一个房间,电话和办公桌直到 12 月才置备齐。那年的新年假期,我为了省下交通费,从位于代代木的家徒步去公司,每天写五封信,分别寄给作家、音乐家、运动员、女演员……拜托他(她)们为幻冬舍写书。信整整写了十天,寄给了五十个人。

给五十个人写信,是非常辛苦的,而且不能敷衍了事,必须打动对方的心。如果写给资深作家,就得重读其大量著作;如果写给著名音乐家,就得重听其众多专辑。每封信都长达七八页,当然还会多次重写。吃饭就用便利店的盒饭对付,从早晨九点一直写到深夜两点。自己在做极端的事——只有这样的自负支撑着我。

对于人际关系,我也很在意"极端"。比如跟人约定会面,我一定会提前半小时去。这样的极端必有回报。

报恩就要极端,甚至不顾己方立场,不然无法打动对方的心。适可而止的报恩是最扫兴的。不够彻底的报恩,还是不做为好。我一直相信,报恩是最能体现做人差距的。

顺带一提，关于恋爱，我也喜欢极端艰苦的爱情。发展太快太顺利的恋爱，叫人提不起兴致。

那样的恋爱就如同跑光了气的汽水，反正我是没兴趣。

⑨

没什么比互联网更能直接反映人类的欲望和生态了。而且我还切实地感受到，在互联网界工作的人，会喜欢突出、极端的事物。使用搜索引擎，就能找到有明确答案的网站；点击链接，就能看到一针见血的语句。可以说，我们每天奋斗，就是为了创造这样的极端事物。

很多网站的内容随处可见，用户明明看都不会看一眼，可为什么还会有这么多凡庸的网站呢？

这是因为，利用互联网，几乎所有构想都是可以实现的。某网站的制作者，可能最初只想朝某个方向特异化，但在制作过程中，却发现还能实现很多其他方向的构想，于是开始塞入各种各样的元素，导致构想越来越膨胀，却忘记了用户完全可以去浏览其他网站，甚至最后大喊："我要做成综合门户网站！"过去，这样的例子我已记不清见过多少个了。

然而，这样的网站首先就不可能按照理想状态发展。因为用户只要轻击鼠标，想去哪儿就能去哪儿，根本没理由一直留在你的网站里。在互联网中，比起既有的内容，必须是突出、优秀的，或是从来没人提供过的东西，才有存在的意义。我认为，只有"最好"或"最快"的才能生存下来。这种思路也适用于其他商业领域。

我公司位于涩谷，附近开了一家料理店，主打一种名叫"鱿鱼中心"的生鱿鱼片，最近成了员工们经常谈论的话题。这家店将料理内容特化为"生鱿鱼片"，可谓独树一帜，其存在感远远超过那些什么菜式都有的料理店。"鱿鱼中心"这一简单且极端的命名也很出色。

该领域目前处于什么状况？怎样做才能从中脱颖而出？商业领域中有魅力的商品和服务，正是出自这样的相对视角。

困境正是做出决断的最佳契机

> 逆境是磨砺自己的最好机会。
> 战胜逆境,能使自己的气量升至更高的境界。
> 它比任何训练,
> 都能更好地激发潜能。

我最近重读藤田君的自传——《在涩谷工作的社长的告白》,有些段落真是感同身受。

当互联网泡沫崩溃,股价暴跌,公司口碑降至前所未有的低谷时,藤田君做出了英明的决断。

他把自己所持的股份,无偿发给了所有员工,打算借此提升员工的士气。

可是如此一来,就接连出现了拿到股份就辞职的员工。最后,甚至那些事前辞职的人也直接给藤田君发邮件,询问自己能不能得到股份。藤田君在书中这样写道:

"我极端失意,没回复就把那些邮件删除了。"

自 2010 年底起,因突如其来的 MBO(管理层收购)而导致股权骚乱,我也被卷入风波之中,每天过得都很痛苦,所以我特别理解藤田君的心情。

一旦局势恶化,就必然出现暴露自私本性的人,有些人的突变甚至令人目瞪口呆。

在这种时候,一般人都会感到怒不可遏,觉得他人又自私又无情。

然而,藤田君没有把公司的不顺归咎于他人或社会,而是默默地努力着。正因如此,Cyber Agent 才能再次实现飞跃。

人陷入困境,就能做出反省和决断。做决断的行为,在漫长的人生中不止一次。每次品尝辛酸,都能做出一次反省。如此累积,就能塑造能力,培养出岿然不动的经营者。

对我自身而言,这次的 MBO 也把我推到了悬崖边上。这一结果肯定是由我的不成熟导致的。只要接受结果,做出"自作自受""皆因自己无德所致"的反省,也就能有所决断了。

眼泪也好，悔恨也好，统统锁进内心深处，以一己之身承担一切，暂被忘却的斗志就会熊熊复燃。

困境正是做出决断的最佳契机。

㊁

要说我面临过的最大逆境，当数互联网泡沫崩溃、公司险些被收购的时候。

一个跟我关系一直很好的经营者，突然以严肃的口吻说要收购我的公司。我当时气得浑身发抖。那人以前明明又是送我礼物，又是彬彬有礼的。

而且，我一直依赖的人也拒绝帮我。我被几个比自己更厉害的人包围了，不知该如何是好，见识到了生意场上的冷酷。

那是最令我感到孤立无援的时刻。我人生迄今的最低谷，无疑就在那里。

当时，我有机会见到了乐天的三木谷社长，结果不小心透露，公司下个季度的决算结果恐怕也不好。三木谷社长说：

"那都没关系。你的目标是中长期经营,对吧?只要贯彻信念就好。"

"信念"——这个单纯明快的词,令我有如醍醐灌顶,我才发现自己一直是被莫名其妙的东西来回折腾。

我的信念是"创建代表二十一世纪的公司",而我没有坚定这个信念,所以才被外物戏耍愚弄,以至于迷了路。一刹那,我就找回了自己的初心。

在当时的困境中,我下定决心,要坚持唯一可以为之豁出性命的东西。那就是信念的意义。

只要坚持信念,不管面对什么样的麻烦,都能坚定地做到兵来将挡;就算肩上扛着沉重的压力,也不会不知所措地团团乱转,而是能挺起胸膛反问一句:"那又如何?"

当时二十八岁的我,作为经营者就如婴儿般稚嫩。对比那时,后来不断吃苦,直到即将年届不惑的今天,则多少变得更加沉稳从容了。

他人将如此程度的努力称为运气

"运气好"这句话，
应该只用于自谦，
绝不该如此评价他人。
这句话会令人不再思考，
放弃努力，停止进步。

成功做完一个项目时，我常常想：

"我付出了如此程度的努力。"

我会回忆起自己走到这一步所经历的各种辛苦。回味这些辛苦与经历当时不同，带着一丝甜味。

不过，我并不期望有人理解。我独自一人悄悄地品尝着胜利的滋味。

当时，我听见有人说：

"那家伙只是运气好罢了。"

他们多为老牌大型出版社的人。这些人不愿见到新出版社在不利条件下取得成功。

运气这种东西，确实存在，但并不是持续性的。了解赌博的人，多少应该能明白。

做生意需要持续性，这一点毋庸赘言。只有持续，利益才能产生，组织才能成立。如果我是个只靠运气的人，那运气早就该用光了，我恐怕也早就离开这个世界了。

既然如此，为什么别人还把我努力的成果称为运气呢？只是单纯的嫉妒吗？在很长一段时间里，我都觉得不可思议。后来我想到：

他们从不曾真正努力过。

归根结底，人只能以自己的尺度去衡量事物。

只要功夫深，铁杵磨成针。

他们不知道这个道理。

不知道就不知道吧。归根结底，工作就是竞争。如果所有人都知道这个道理，开始付出压倒性的努力，那就跟我没有差别了。

"那家伙只是运气好罢了。"

对此，我只会回答："谢谢。我只是走运而已。"而且，

我会微笑着心想:

"你们想说我是走运,那就随便说好了,可我正在付出百倍于你们的、呕心沥血的努力。"

⑬

"那家伙运气好。"

这句话如果换个礼貌的说法,可能是:"他有先见之明。"可就算换了说法,其含意也是指结果纯属偶然。

"藤田社长很早就开始关注互联网广告,真有先见之明啊。"

像这样的话,我已经听过无数次了。

可是,我当然并不具备准确洞彻未来的能力。

我所拥有的,是期待五年、十年或三十年后能有如此结果的理想,再从理想反推,逐一解决现在的不足和今后可能发生的问题。我每三个月都会组织一次干部集训,彻底解决中长期问题。

为了实现理想,我也乐于牺牲短期利益。

例如,作为我公司当前的主要支柱,以博客服务为首的 Ameba 事业在最初草创的五年间，一直是赤字。其间，虽然公司通过偏离本行的风险资本业和外汇保证金交易业实现了盈利，但那也并非偶然，是因为我事先便已假定最差的情况，准备了很多后手。

为了实现理想，我会从所有角度尽可能备好对策。所以随着时间流逝，当理想实现后，在那些没努力的人眼中，我的成功就如同"先见之明"。也就是说，所谓的"先见之明"，其实不过是提前做足准备，就算牺牲短期利益，努力也能带来成果。

的确，有时在几百家公司里，只有一两家因走运而爆红。但那只是侥幸，可一而不可再。光靠侥幸，事业是无法持续的。

结果是可见的，努力则是不可见的。在认为别人纯属走运之前，应该先想想，别人是不是付出了自己难以想象的努力。

毕加索的立体主义，兰波的军火商人

> 只有洞彻标准的人，
> 才能超越标准。
> 专心致力于某个行业，
> 才能一览非奋斗者不能见的全新景色。
> 在这个世界上，
> 并不存在突然成功的新业务和新模式。

不懂绘画的人看见毕加索的画，可能会觉得他画的都是些标新立异、离奇古怪的东西。

然而，毕加索的画是具备扎实基础的。事实上，他年轻时曾画过大量如相片般真实的精致素描。

随着年龄增大，其画风逐渐变化，终以立体主义实现了向抽象派的巨大飞跃。正因为早有基础，才能实现这样的飞跃。正因为进行了彻底的钻研，毕加索才能开创绘画的新时代，成为世界级的画家。

文学世界里有一个人，十多岁时就创作出了名留青史的杰作。这位天才诗人就是兰波。

无论是《地狱一季》，还是《灵光集》，兰波的诗总是幻觉错杂，令人粗读之下莫名其妙。

然而，兰波早期曾创作大量优美的抒情诗。正因为曾与那样的古典斗争，他才能实现巨大的飞跃，写出"我找到了！什么？是永恒。那是太阳与海，交相辉映。""啊！愿时光倒流，沐浴春心。"等源自悲痛灵魂的刺人心魄的诗句。兰波到了二十多岁，弃诗作如弃敝屣，远渡非洲成了军火商人。正因为这种对文学钻研至深后的超脱行为，兰波才会留下灿烂辉煌的传说。

如果真想创造新事物，或是做出某种变革，就必须跟标准、正统、经典等基础死磕。没经历过这一步的新事物，只是虚有其表，唬人的罢了。

这不仅限于广告制作，也适用于广泛的商业整体。我看着下属，就经常想：跟基础死磕的人，就算当时很耗时间，也一定能出成果；不直面基础、想走捷径的人，几乎都会失败。因为他们虚有其表，欠缺根本。

要想做出突破，就该彻底学习基础。

要想超越基础，只能与基础死磕，将其钻研透彻。

⑨

上大学时，我曾正式做过在免费报纸上刊登广告的兼职销售工作。因为我觉得，为了将来创业并成为经营者，与其在大学里听课，不如在底层积累实践经验。

由于是兼职打工，不是按提成发工资，而是按小时发工资，所以只要想偷懒，就能随便偷懒。然而，我每天都会敲开百十来户人家的门。在这个过程中，我慢慢掌握了做销售所必需的、身为商务人士必备的基本能力。

大学毕业后，我应聘进入一家人才相关企业，此后一年也始终在勤恳地工作。每天下班回家，都将将赶上末班车，周六也几乎都会去公司工作。

我想彻底吸收掌握商业的基本要领。我把埋头苦干视为将来创业的先期投资。

刚进公司，有个为期三周的新人研修，教授如何递名片、如何坐计程车等商务礼仪。我那时只想立刻工作，心急难耐，所以对这些理论课程恨得牙痒痒。可是过后想想，那个研修其实很有意义。有些学生创业者，也就是上学时就开了公司，直接成为经营者的人，对社会常识的欠缺程度简直令人震惊。他们只能吃一堑才长一智，经常在自己没留神的地方受挫，耗费大量时间才能挽回。从避免绕远的角度来说，能在普通企业任职并学习基础，对我而言也是大有好处的。

说起互联网业务，很多人以为它只要求奇特、独一无二的创意，但其实并非如此。没有作为商务人士的基础，在互联网行业是不可能成功的。

互联网界的年轻人，往往抱有淡淡的希冀，幻想着极其罕见的成功案例发生在自己身上，期待自己的构想突然大获成功。当然，大多数人必然失败。此外，不少大企业年长的经营者们，以为互联网业务是年轻人活跃的舞台，就屡屡不负责任地把任何工作丢给年轻员工，那样也是难以成功的。

年轻时的毕加索画了大量如相片般真实的基础素描——这个简明易懂的故事就足以证明本节的标题。

宁为山顶上的冻死猎豹，不当山脚下的饱食肥猪

人们通常将满足和安定当作人生的最佳状态，
视为幸福的同义词。
然而，它们在商业中意味着死亡。
只有理解这种悖论的人，才能成为赢家。

海明威的著名短篇小说《乞力马扎罗的雪》，开篇题词里有这样一段话：

乞力马扎罗是一座海拔一万九千七百一十英尺的长年积雪的山，据说是非洲最高的山。其西峰在马赛语中被称为'上帝的殿宇'，近峰顶处躺着一具风干冻结的豹尸。那只豹子去那么高的地方找什么？至今没人做过解释。

我总是想成为那只在峰顶被冻死的豹子。以绝顶为目

标，到达那里死去，难道不是死得其所吗？我不想当舒适悠闲地在山脚下终日饱食的肥猪。

幻冬舍文库创办于一九九七年。文库属于存货业务，必须有以前的积累才行。从常识的角度考虑，需要十年时间。可我在创业的第四年，就创办了文库。

领先我们创办文库的大型出版社，是十二年前的光文社。光文社的头一炮推出了三十一本书。我就简单地加倍，头一炮推出了六十二本书。挑战者就是如此天不怕地不怕。

我像创业时一样，在报纸上刊登整版广告，宣传语是"新出来的人要是也瞻前顾后，那还有什么优势可言？"这完全就是我当时的心声。该宣传语配有一幅插图，画中是一艘小船驶向波涛汹涌的大海，令人联想到兰波的《地狱一季》中的一段——"我们的船解开缆绳，在静止的雾中驶向悲惨之港……"

创办文库同创业时一样，受到了周围人的强烈反对。但我不想当山脚下的猪。

顺带一提，大型出版社有多达数十名员工的宣传部，而幻冬舍没有。宣传部仅我一人，同广告代理商交涉，确定媒体，想象什么样的广告合适，宣传语也亲自动笔。如果需要吉祥物，也是由我自己选择并交涉。

只有宣传不能交给任何人做。我一开始就是这么决定的。

这是因为，在卖书的意识和感觉上，我比任何人都有自信。

㊛

优衣库的柳井正社长在书中写道："对于公司经营而言，公司和个人都得进步，否则就与死无异。"虽然言辞过激，但事实上，追求安定的公司确实大都衰败了。

之所以说停下来就会死亡，是因为世界一直在动，在变化。那些驻足不前的人，就算自己觉得只是停一会儿而已，也会被落在后面。也许听起来很夸张，但作为置身互联网界这种高速世界的人，这是每天的切实感受。

在这样的环境中，我有时会感到不安，不知道要做到什么程度才行。

例如，我偶尔会想："今年能不能快点过去呢？"一想到要达成当年的业务目标，还必须聚精会神地付出多少努力,我就能想象到其中的艰辛。

然而,这可说是奢侈的烦恼。因为相对而言,公司的掌舵人其实更容易进步。

正因为一切都在绕着良性轨道盘旋上升,经营者也能集中精神付出努力,创造出新的良性轨道。积极的力量会形成正螺旋,推动公司不断向上。

反之,一旦开始追求安定,轨道就会变成恶性,经营者的精力不再集中,生出"就这样算了吧"的妥协心态。如此一来,公司就会逐渐衰退。

付出努力、持续成长的公司,从外部看来,似乎是安定不动的,但那只是错觉。如同看似静止的陀螺,实际上正在高速旋转。

至少在商业世界里,并不存在字面意义上的安定。

(藤)

不郁闷，非工作

> 没人喜欢郁闷。
> 但郁闷也能生成巨大的反弹力。
> 只要意识到这一点，
> 郁闷无疑会成为工作的动力源。

我每天早晨起来，一定会翻开记事本，确认自己当前有哪些要做的工作。而且，如果没有三件以上的烦心事，我反而会感到坐立不安。

一般来说，人都会避开烦心事，也就是辛苦的事。正因如此，如果反其道而行之，迎难而上，就能收获成果。

轻松的工作，是得不到大成果的。郁闷才能孕育出珍珠。

在德语中，受苦一词还有激情的含义。也就是说，苦难和激情是共生的。人类正因为受苦，所以能感受到激情，进而战胜苦难。

个人的人生同样如此。

站在重要的岔路口时，多数人会犹豫不定。可是对我而言，这是最感喜悦的时刻。不，我从中只能感受到喜悦。

烦恼本是郁闷，自然有其界限。要想战胜它，只能"在黑暗中跳跃"。

在黑暗中跳跃，是非常可怕的。你可能正站在陡峭的悬崖边上。然而，只有纵身跳入未知的舞台和世界，人生才能前进。所谓人生，就是在黑暗中的持续跳跃。

有的人是"迷茫的时候就放弃"，我则恰恰相反。"迷茫的时候就向前"是我的信条。迷茫的时候才会有重大的机会。不迷茫是不会有大成果的。

我曾面对的风险最大的豪赌，是四十二岁时离开角川书店创立幻冬舍。广告、用纸、印刷、销售、会计……除了编辑业务，我一无所知。

而且，我没有一分存款。在角川书店工作时，由于经费不足，我的工资都花在了吃饭等交际上。

当时，我在出版界算是名人。如果去其他大出版社，应该能得到一定的地位。事实上，我也收到了一些邀请，但我并未接受。

我怀着郁闷，在黑暗中尽力地跳跃。

⟨见⟩

以前，我把见城先生所说的"不郁闷，非工作"这句话发表在推特上的时候，引发了巨大的反响。工作正因为郁闷才有意义，这个道理激励了许多人。

回顾我自己的人生也会发现，当我感到自己进步了的时候，大抵都伴随着很多郁闷。

重要的员工辞职时，下调业绩时，首次出演电视节目时，当着很多人的面演讲时……

挑战新工作的时候，总是会感到郁闷，但每次跨过难关，就能得到新的"经验"。这会成为资历，使人成长。如果一味只做已经经历过的事，尽管工作进展会令人放心，但自己有可能失去成长的机会。

我所从事的互联网业务，在某种意义上也可说是郁闷的工作，因为这个行业历史较短，所以经常看不到前路，只能摸索着行进。

在业务现场工作的人，得进行各种尝试，经受各种损失，才能寻见光明。需要在烦恼、痛苦的感觉中工作。像这样在黑暗中摸索的世界，才是有价值的世界。

由于互联网业务存在各种可能性，所以天马行空地幻想各种创意，是非常快乐的。不过，创意会通过网络瞬间普及，覆盖大众，所以其本身并没有太大的价值。

此外，在看不见前路的世界里，任何人都能畅所欲言。

互联网界也有许多评论家一样的人，但他们并不能改变什么。归根结底，轻松的工作并不能创造巨大的价值，信念和执着才能创造。

如果只是思考创意，或是置身事外进行批评和评论，是不会有大收获的。

只有那些战胜前路的不安、跨越郁闷烦恼的日子坚定前行的人，才能创造出有价值的新事物。

第三章

抓住人心

如果当时名片用光，事后要用快递送上

"一期一会"是指一生中只有一次相遇的机会，
这个关于人际交往的词，
最能体现日本人对人与人之间缘份的珍惜。
学习把这种想法运用在工作中。
就会发现它完全符合策略性思考。

例如，在餐厅包间或是幻冬舍的会客室，如果有初次见面的人进来，就算对方的年龄只有我的一半，我也一定会站起来打招呼。因为，当我走进房间的时候，如果看到里面的人端坐不动，我就会想："这个人并不打算认真和我打交道。"

我和素未谋面的人约定见面，一定会提前三十分钟去，因为我讨厌让别人等。这是我的作风。

如果是彼此相知的人，当然不会产生误解。正因为是初次见面，处处用心才变得相当重要。我认为，初次见面

是非常需要讲究礼仪的。

而且，就算我并不想和对方深交，如果对方递来名片，我也一定会递上自己的名片，不然就会觉得自己仿佛亏欠了什么，心情会变得特别糟糕。

可是，偶尔会遇到名片已经用光的情况。在这种时候，我会用快递寄给对方，并附上致歉信，因为我觉得自己失礼了。

以前，我和一家媒体的年轻制作人聚餐时，其中一人的名片用光了，没能给我。可是，他看起来没有丝毫的不安。

我跟他讲了自己在名片用光时会怎么做，由于没必要附上信，就叫他只把名片给我就行。个中详情就不提了。我只是觉得，他最近就会有事求我。可是我左等右等，直到最后，他也没来给我名片。

过了几个月，我的直觉应验了——那人来求我办事。至于我当时说了什么，如何应对他的请求，就请读者自行想象吧。

不要说"充其量只是一张名片而已"这种话。交换名片是初次见面的两人之间最基本的仪式。在递上名片的一瞬间，就能看出对方的为人。哪怕腰躬得再低，用没用心一目了然。我给初次见面的人递名片时，最注重用心。再重复一遍，正因为是初次见面，礼仪才相当重要。

嘲笑一张名片的人，面对重要的工作时就该痛哭了。

㊝

关于名片，我想讲讲与见城先生相反的意见。

我认为，在年轻的商务人士中间，名片的作用正变得越来越小。这是因为，员工姓名和公司的电话号码在互联网上搜索一下就能查到，何况现在还有推特、SNS、博客等大量基于互联网的通信手段。

现在的人也不会像以前那样，把印在名片上的联系方式抄记在地址簿里了。对于工作中的熟人，只通过名片夹来管理的人也越来越少了。可以说，名片已经失去了像以前那样的存在价值。

名片是对方的分身，是重要的物件，所以请谨慎保管；会面期间，收到的名片应该一直放在桌上——我在新人研修时学到的这类常识，正逐渐沦为旧时代的弃物。

年轻的商务人士交换名片时，偶尔也有人会诚惶诚恐地从很低的位置递上名片。如果他面对的是像见城先生一样的人，这样的姿态倒是无可厚非，可如果对我这样做，我并不会感到敬佩，反而可能觉得对方是个拘泥死板的无聊家伙。

对于名片的价值观，不同辈人之间的差异相当明显。我认为，现在正是过渡期。

从某种意义上讲，这是非常可怕的事。很多时候，自己这代人的价值观并不适用于年长者。年轻的商务人士，必须针对不同的对手随机应变。

对于这种难度很高的应对技巧缺乏自信的人，应该先同年长者保持一致。

实际上，我身边也不乏像见城先生或演艺界的顶级明星一样的人——他们对待一张名片的态度极其严肃。同这样的人初次晤面、交换名片时，我会特别紧张。因为如果在这个环节出了岔子，可能就会造成无可挽回的后果。

（藤）

打算借天气话题进行交流的酒店服务员是最差劲的

> 归根结底，说动别人要靠语言。
> 敏感地进行泰然自若、毫不做作的对话，
> 是成为有能力的商务人士的第一步。

东京都里，有好几家我常去的酒店。那些酒店的服务员们，会若无其事地跟我搭话。

他们聊得最多的，就是天气。

"今天风真大啊。"

"终于变暖和了。"

每次听到他们这么说，我都会在心里嘀咕：

"那又怎样？"

这难道不是众所周知的事实吗？

对于流于表面的敷衍之言，不管是谁说的，我都会感

到不耐。何况他们的工作属于服务业，而所谓服务，难道不应该是更真挚的东西吗？如果想聊天气，那还不如不说。

有家酒店的门童总是跟我聊天气，一次我终于忍不住对他说：

"你啊，就不想说点别的什么吗？德国有句著名的格言：'跟客人聊天气的酒店服务员是最差劲的。'因为没有哪种交流比聊天气更简单容易了。"

那句格言，是我临时编造的。

用聊天气代替打招呼，是日本人的一种习惯。然而，这样的交流是不是太廉价了？在下雨天里，听见别人跟你说"下雨了"，根本就是无聊的负担。

交流的本质，在于触及对方的心。酒店服务员如果真有招待客人的殷勤心意，肯定会说出完全不同的话来，比如"头一次见您系这条领带，真漂亮"，或是"前阵子出来的电视节目，特别有意思"。这样的话语，来自一丝不苟的观察和关心，来自辛勤刻苦的努力，而努力多是自损之举，所以能打动对方的心。

归根结底，人际关系中的努力就是服务。

因此，我会探出身体，不顾自损，尽力挣扎。

⓪见

在我看来，见城先生的言行有两个特征。

一个是讨厌流于表面的事物。

另一个是讨厌凡庸的事物。

"别想通过聊天气进行交流"这句话，其实很好地体现了见城先生的为人和工作风格。

对于那些始终严肃认真地考虑交谈时该说什么、该答什么的人，聊天气只会令他们感到疲累。

有些人说的所有话统统流于表面，叫人不知道他们心里的真实想法。同这样的人交谈，可能当时觉得结下了友好的关系，但结果往往是浪费时间，甚至以后可能产生被人辜负的悔意。

从某个时候起，我就尽量避免同那些不知道哪句话是真、哪句话是假的人交往了。

然而实际做起来，并不像嘴上说说这么简单。

我在二十多岁时，会适当地向周围人妥协，尽量跟大家合群。在这个过程中，我不可避免地产生了违和感，总觉得半途而废的自己特别讨厌。

这种违和感逐渐变大，促使我立下了"创建代表二十一世纪的公司"这一目标，并且真的实践并实现了。

流于表面的东西毫无意义——见城先生是第一个明确告诉我这个道理的人。我还记得，当初听到见城先生说出这句话的时候，我立刻恍然大悟，同时有种死里逃生般的感觉。

会工作的人的交流，往往都很直接，见城先生便是如此。他会单刀直入、毫无顾忌地说出自己想说的话。

我在与人交往时，一直留意保持率直自然，因为这样一来，人际关系就会变得顺畅，业务前景可期。

⦿藤

如果不想去,就别说"下次一起吃饭吧"

> 人生就是期待与失望的反复。
> 每次被人辜负,期待都会削弱。
> 回应他人不抱希望的期待,
> 于对方来说等同于奇迹。

"下次一起吃饭吧。"

这是人们常用的社交辞令。作为被邀请的一方,当然也有的人会认真考虑有没有时间和对方一起吃饭,但大多数人都不会当真。但是对我而言,说过这种话却从不联系的人是不值得信任的。我会想:谁会跟这样的家伙共事啊?

我若邀请别人吃饭,会写在记事本上,然后尽快联系对方。即使时隔几个月,我也言出必行。

某服装厂商的第二代年轻社长,一有聚会就会第一个跑到我这里打招呼。有一次,我们偶然在一家餐厅遇见,他突然对我说：

"下次把我们出的品牌服装送你十件。"

他甚至还问了我穿衣的尺码。可是三年过去了，我连一块布头也没见着。看来就像对待俱乐部的陪酒女郎一样，他对谁都会说同样的话。

最近，我和三年前与他同席的人一块吃饭时，聊到了这件事。

"没打算做的事就别说。"

我的这句话可能传到了他耳中，没过多久，他就突然给我寄来了衣服——只有毛衣和Polo衫各一件。而且，随商品寄来了一张便条般的短信，还不是他本人写的，而是秘书代笔的。我很失望。所谓敷衍，不过如此吧。

至少，信里的区区三行字可以自己写吧？那样的话，就算再过三年才寄来，我想起他时也会面带微笑。

说出口的事，就必须办到，即使对方是俱乐部的陪酒女郎。

所有人际关系都是建立在信赖之上的。

不能遵守的约定，与谎言无异。轻飘飘地做出不能遵守的约定的人，当场就会丧失信用。

甚至就算是以前值得信赖的人，也可能因为一次说话不算数而变得不再可信。

⑭见

"下次一起吃饭吧"这句话，通常被用作结束语。

大概是因为"再见"多少显得冷冰冰的，所以就用这句话来结束交谈。

然而，如果说这句话只有形式上的意义，却又不尽然。听到这句话，也有人会真的心怀期待，或是考虑怎样拒绝。

就我自身的经验来说，与信口开河的人交往是很痛苦的，因为必须逐一考虑对方的话是否发自真心。如果知道并非发自真心，看对方的眼光也会变得不同。

"下次一起吃饭吧。"

见城先生将这句话视为约定，言出必行。我觉得他很了不起。老实说，在我认识的人里，只有见城先生是这样的。

被见城先生邀请吃饭的人，或许会想：

"这种没人会遵守的事，见城先生却言出必行，真是值得信赖的人。不管什么约定,他肯定都会遵守。"

我不知道见城先生这样做是否还有如此深意,但这无疑是获得对方信任的有效方法。

不过,除非是像见城先生一样有觉悟的人,不然还是应该尽量避免说"下次一起吃饭"这句话吧。

一个人如果总是随口说出根本无意遵守的约定,就会逐渐失去信任,会让别人产生怀疑:"哪怕是重要的约定,他恐怕也只是嘴上说说罢了,根本不会遵守。"

事实上,平时无意间说出的话,很可能造成极大的"损失"。

做出不能遵守的约定,就像开空头支票一样,如果接连不断这样做,最后一定会破产。

㊙

不要和初次见面的人去唱卡拉OK

习惯会浸入人的内心深处，
甚至被称为第二天性。
终止习惯并不容易。
但是只要能做到，
展现在眼前的将是一片广阔、自由的未知世界。

在工作中，与初次见面的人吃完饭，商量去哪儿的时候，对方可能会提议：

"去唱卡拉OK吧。"

这样说的人，我怀疑其神经有问题。

卡拉OK之类的娱乐，终究只是为了打发时间。双方明明都是从百忙之中抽出时间见面的，为什么还要故意白白浪费如此宝贵的时间呢？

互相还不熟悉的人去唱卡拉OK，简直愚蠢透顶。唱着彼此并不想听的歌，一成不变地按惯例鼓掌，有什么好处？

尤其是编辑，必须谈论对方的作品。如果对方是作家，就应该在仔细读过作品后提出批评，指出作家本人没注意到的问题；如果对方是歌手，就应该在认真听过专辑后讲述自己的感想；如果对方是女演员，就应该尽可能地遍观她的影视作品，评价她在各作品中的演技。公司的交易对象也一样。只要努力，就能找到无数话题。

必须让对方觉得，除了成为朋友之外，跟你交往还能得到灵感上的刺激，能登上全新的舞台，能从事有趣的工作。

此外，还有很多人吃完饭的固定节目是去银座的高级俱乐部。在我看来，这也是极大的浪费。

边吃饭边畅谈，好不容易开始交心了，为什么偏要削弱这种氛围，把注意力转移到隔壁的陪酒女郎身上去呢？

若想抓住对方的心，就不该在初次见面的情况下去卡拉OK或高级俱乐部。

从对方的正面突破，才能结出硕果。

㊅

我总是创造许多和员工一起喝酒的机会。因为边喝酒边聊天，员工就会说出自己目前的工作状况，以及将来对于工作的展望。

以前，我为了激活某个部门，会去参加每月完成率第一的优秀团队的庆功宴，但最近不去了。

理由是，尽管能在庆功宴上见到很多平时难得一见的员工，但大家总是去唱卡拉 OK，根本不能好好交谈。

如果是谈话机会很多、平时交流也比较多的员工，去唱卡拉 OK 倒也无妨。

可是，我之所以创造和员工一起喝酒的机会，并不只是为了加深感情，更是想营造一个适合深入交谈的场合，通过把握员工的状况，做出适当的人事安排，发现值得提拔的人才。我想尽可能地了解员工们当前的想法，想知道他们有什么烦恼，以及对未来有怎样的展望和规划。

正因如此，我才决定举办实质为"谈话会"的酒会。

某某年入职的女性销售员、新事业的启动部门、三个月内入职的中途录用员工……像这样每次更换不同的概念，邀请那些平时没什么交流的、想了解其工作近况的员工参加。

通过深入交谈，有时就能发现员工出人意料的一面，或是意想不到的适应性。

如果对方满怀热情地讲述自己想做新事业的期望，我可能就会想，以后可以把子公司的业务交给他。不浪费这样的机会，让上司了解自己期望的员工，是很强的。从我的立场来看，自我表现的人就是"有干劲"的人。

经常有人说我"掌握着每个员工的情况"，那正是像这样直接交谈、浏览员工博客等扎实积累的结果。

不刺激就抓不住对方的心

> 人对于能让自己有新发现的事物，
> 是心怀贪欲的。
> 出乎意料的话，
> 才能吸引对方。
> 就算只有一句，
> 也胜过自我表现的千言万语。

我每天都会收到大量的推销信和电邮，其中还有众所周知的名人发来的。

可是，其中能打动我的信或电邮几乎没有。

这是为什么？

原因在于，他们基本上都只在自说自话，比如我正在从事什么工作，现在我在西班牙……

要想抓住对方的心，首先必须了解对方，并以此作为突破口。

要谈对方的事,而非自己的事。这是与难以攻陷的对手交流时的基本原则。

抓住作家的心也一样,只是需要付出相应的努力。

我刚进入角川书店工作时,就热切地盼望能和五木宽之先生共事,每次他一有作品发表,我都会给他写信。不光是小说,就算是简短的随笔或对话录,我也一定会找来看,然后写下读后感。

当时的角川书店,比起讲谈社、新潮社、文艺春秋等一流出版社,显得多有不如,很难请来著名作家为其撰书。

给作家写信的难度是超出想象的。内容既不能阿谀奉承,也不能一味批评,必须搔到其本人也没留意到的痒处,给对方造成刺激。

一开始全无回音,直到寄出第十七封信后,我才终于收到了回信。

"真的谢谢你这个不离不弃的读者,早晚会见面的。"

这是作家夫人代他写的。

我高兴得拿着那张明信片在编辑部里到处飞奔。

后来,到了第二十五封信,我们终于见面了。

初次见面那天，五木宽之先生承诺在我所属的文艺杂志《野性时代》上连载《燃烧的秋天》。这部作品后来出版了单行本，还被拍成了电影，红极一时。

"幻冬舍"的命名者也是五木宽之先生。其三百万册销量的长期畅销书《大河的一滴》，也是应我去信邀稿而创作的作品。

㊅

我认为，初次见面时不应该突然滔滔不绝地介绍自己，因为对方很少会感兴趣。从根本上讲，也不可能对需要做自我介绍的人感兴趣。如果对方感兴趣，说明已经有所了解。

很多同我初次见面的人，都会拼命准备自我介绍，向我说明自己是怎样的人。见面后的四五十分钟里，始终是一个人在自说自话。

我感到很痛苦，但只能默默地听着。我其实是想打断对方的，但突然插言太不礼貌，而且我也不想让对方误以为我对其感兴趣。

出席演讲会等场合，会与很多人交换名片。绝大多数人在递名片时,都会用一句话介绍自己。

可实际上,看看交换名片的人排成的长队就能明白,我不可能记住每一个人的话。

有些人说出的话很特别,令我印象深刻,从中可以看出对我的了解。例如:

"我和您的秘书××是朋友。"

这样一句平平无奇的话,就可能引起我的兴趣。

关键在于能不能说出令对方感到意外的话,而且不能是关于自己的,必须是关于对方的。

工作中遇到的人也大多一样。

在这方面擅长的人,会突然提出对方感兴趣的话题,对方就会竖起耳朵仔细倾听。

然后,等对方开始产生"这人是谁?是什么样的人?可以信任他吗?"的兴趣时,才可以开始自我介绍。

也就是说,自我介绍需要把握好时机。要想引起初次见面的人的兴趣,需要站在对方的立场上多花心思。

第四章

打动别人

每次请求的百对一法则

> 别人求你办事,
> 应该尽量接受。
> 这样能迅速拉近你们之间的距离。
> 你的意图也容易得到对方的理解。
> 至于对方是不是值得帮助的人,
> 早晚会有答案。

编辑的工作,多是从得到作家、音乐家、艺人的知遇开始的。我若想和谁共事,就会观看其全部作品,然后在信中写下感想,寄给对方。有时页数多得吓人,甚至已经不能称之为"信"了。有的人收到后没准会吓一跳呢,那也无妨,因为诚意终将打动人心。

细小的辛苦和努力不断累积,早晚会结出硕果。只要发自内心、竭尽全力地为对方付出,对方总有一天会做出回应。我把这称为"百对一"法则。

像这样把自己的想法统统暴露出来，也曾让我感到犹豫，但没关系。做事不尽全力，不是我的风格。

工作中认识的人，会向我提出各种"请求"。从"请你见见他""希望你们出的杂志能报道我们的商品""能不能帮我弄到音乐会的票"等相对简单的请求，到"能不能借我笔钱""我想送儿子上××大学的初级班""请务必让我儿子进入那家大公司"等难题，不一而足。

我所在意的人的"请求"，我基本上都会听听。越是需要我辛苦一番的"请求"越好，其中甚至还有几乎不可能做到的事。即便如此，我也会接受。不需要我付出辛劳的"请求"是无意义的，因为只有克服困难后实现目标才有意义。

然后，我就会开始付出压倒性的努力。老实说，我每次都会觉得很麻烦，但只要一想象对方在愿望实现后的喜悦神态，我的身体就会自然而然地动起来。

从结果上讲，我成了对方的债主。当债务达到一百个的时候，我就能向对方提出一个"请求"。对我来说，那是事关重大业务的不可让步的"请求"。因为我此前付出的辛劳都看在对方眼里，所以对方一定会尽力实现我的请求。

我所经手的很多畅销书，都是这么来的。

㊅

工作是由人来做的，所以存在基于感情的"借贷"。也就是说，工作上的人际关系是建立在达成平衡的"借出"和"借入"之上的。靠耍小聪明工作的人，很难看透这个道理。

我认为，年轻一代的商务人士明显缺乏这种"借贷"意识。

例如，有些人在职时受到公司的种种关照，却无视自己的"借入"之举，丝毫不顾义理人情，也没有报恩的打算，如同背叛般地辞职而去。这样的人在今后的人生中必然会吃苦头。

由于是商业世界，所以也有人会突然变得翻脸不认人，以合理主义为重，但商业社会毕竟也是人际社会，不管到哪儿也离不开人的感情。

"借贷"是衡量感情这一无形之物的便利的尺子。实际上，在工作过程中，时时在脑中衡量"借贷"的平衡，是一件至关重要的事。

反之，许多时候的失败受挫，原因都在于没有考虑或错误地考虑了"借贷"的平衡。

从我的实际感受来说，在媒体界和演艺圈里，对于"借贷"敏感的人尤其多。相反，在多为年轻人的互联网界，对于"借贷"迟钝的人就比较多了。

难道互联网界的人，压根儿就没有这方面的感觉吗？我认为绝非如此。比如说，一个人收到生日礼物，如果在对方过生日时不回赠礼物，自己就会觉得心里不舒服。只要是人，都会有这样的感觉。

这类感觉在私人生活中是理所当然存在的，可到了做业务的时候，却往往不具备了。之所以如此，或许是因为互联网界少有对此敏感的、喜欢说教的年长者。

"借贷"这种感觉，只要用心留意，很容易就能掌握。只要掌握了这种感觉，工作的进展情况就会有很大的不同。

㊍

无偿行为才能创造最大利益

> 对于不期回报地为你付出的人,
> 你会怎么想?
> 肯定会想方设法地回报对方吧?
> 打动人心的力量本质就在于此。

我有个朋友,是在京电视台中心局的专务董事。他曾因为某件事,突然去了地方局赴任。

对于他的心态,我再清楚不过。在此之前,有很多人围在他的身边,阿谀奉承者有之,请客送礼者有之。

可他刚去地方局上任,这些人就一下子消失得无影无踪了。人啊,就是这么现实。

我不想让别人把我和这些家伙视作同类,所以就从工作中挤出时间,坚持每年去看他四次。因为相距很远,所以非常麻烦。

我当时并没有什么企图,只是觉得该这么做,于是就做了。而且,我也很喜欢那个朋友。

而最终,我的行为在工作上也给我带来了极大的好处。善意以无形的方式结出了硕果。

该地方局在午间资讯节目中,开始介绍我社出版的书,有时一介绍就是半个小时。甚至于,书的销量在当地和其他地区出现了很明显的差异。

当然,介绍书的直播节目需要作者参演,而大腕作家一般是不会出演地方局的节目的,所以这对该节目来说,也是很有好处的事。

我本人也经历过各种困境。尤其是离开角川书店创立幻冬舍的时候,非常辛苦。如果问一百个人,会有一百个人都觉得"那家伙完了"。

四面楚歌之中,我开始在《朝日新闻》上刊登整版广告,创立了幻冬舍。

当时,很多作家都对我毫不理睬。

但也有不少人爽快地接受了我的邀稿。

五木宽之先生、村上龙先生、篠山纪信先生、山田咏美女士、吉本芭娜娜女士、北方谦三先生——幻冬舍是从出版这六人的作品开始起步的。

　　托他们的福，我才能打下幻冬舍的基础。

　　我一辈子也忘不了他们的恩情。

　　人最重视的，就是在自己陷入困境时伸手拉一把的人。

见

　　在互联网泡沫时期，有很多人接近我，我身边特别热闹。可是当泡沫破灭后，他们就像退潮般瞬间没了踪影，我才知道世界原来是这个样子的，不由得生出了厌世情绪。

　　是乐天的三木谷社长，亲自为痛苦中的我提出了建议。我特别感激他的恩情，后来也一直在努力报恩。

　　事关做人的诚意，可事实上，在利害交缠的企业社会里，这种诚意常常被人忽视。

　　工作得由人来做，企业社会也是人际社会。在工作中只计较得失，做事缺乏人情味的人，终究会被人看低。

　　我和堀江贵文可以说是盟友关系。我刚成立公司时，他也刚开始创业，我们二人就一同创业，开发系统。我当时的办公室位于原宿，有事打个电话，堀江就会从六本木赶来。现在回想起他骑在摩托车上长发飘扬的样子,真是叫人怀念。

关于堀江之后遭遇的来龙去脉,大家都清楚。

堀江和我住在同一幢寓所。他被保释的那天,我登门看他,带去了两盘成人录影带(只是开玩笑),还有购于六本木"缠鮨"的盒饭。

最初,堀江表现出一副不再相信别人的样子,但没多久,他就打消了顾虑,和我畅谈起来。

此前,我和堀江有段疏远期,而那次拜访,再次拉近了我们二人的距离。

雪中送炭比锦上添花更令人印象深刻。我也一样。

从那以后,我和堀江一直保持着工作以外的交流。如果我是那种看见堀江跌倒就避而远之的人,我的员工肯定也会失望。

㊙

凶猛如天使，细腻似恶魔

> 根据基督教的世界观，
> 恶魔是堕落的天使。
> 恶魔和天使在本质上是一样的。
> 我们也应该根据时间和场合，
> 在二者之间随意转换。

通常都是"细腻如天使，凶猛似恶魔"。

然而，举止如天使般细腻，做事似恶魔般凶猛，结果会怎样呢？显而易见，同这种老套的比喻一样，只能得到司空见惯的结果。

有些事情做起来，看似是没有回报的。做事不求回报的人，个个都是天使。但实际上，这个世界上真的存在没有回报的事吗？

只要转换立场想想，立刻就能明白。别人帮你做事，你就会感激对方的恩情，而恩情就像负债，不还清是不会消失的。所以，如天使般细腻其实就是似恶魔般凶猛。能否认识到这一点，有很大的区别。

相反，怀着索取的目的刻意接近对方的人，无一不是恶魔。对方当然会有所戒备，所以能得到的东西就很少，搞不好还会交恶。就算提出业务合作的交涉，结果恐怕也不会改变。所以，恶魔恰恰需要细腻。

我和某个音乐家交情颇深，经常见面，但十多年来，我从没向他提出过任何请求。他只要出书，不管是什么主题，都卖得很好，可我反而没提过工作上的事，因为我不想流于俗套。

如果用可有可无的工作走个过场，以后就不可能再维持交情了。

一天，他在人生中第一次向我敞开心扉，吐露了自己的大烦恼。我陪他聊了很久，最后告诉他，应该把那件事写成书。他起初很犹豫，但最后还是答应了。那本书发售仅仅五天，就达成了百万册的销量。让对方坦陈其最不愿暴露的事，是编辑的工作，这关系到很大的成果。

那人名叫乡裕美①，那本书名叫《爸爸》。

《爸爸》一书在他提交离婚协议书当天开始发售，很多人正是通过这本书了解了他离婚的原委。

天使必须凶猛，恶魔必须细腻。

㊅

我以前曾被人揶揄为"算计君"，意思是说我看上去很天真，但其实城府很深。

按照最近年轻人的世界观，算计可能被视为腹黑、差劲。可是作为商务人士，尤其是经营者，做事之前先算计，难道不是天经地义的事吗？

最近，我公司与某家公司针对业务内容进行了一番沟通，但情况并不乐观。我从经营者的角度做出判断，认为拓宽与其他公司的合作渠道更为有利，但如果直接告知对方，肯定会引起纠纷。

我的态度会给对方留下怎样的印象？对方又会做何反

---

① 乡裕美：1980年代日本著名偶像级男歌手。——编者

应？我想象了所有风险，进行了充分的模拟。

然后，谈判开始没多久，我就语气粗暴地说：

"那样我们很为难。不如停止交易吧。"

对方立刻开始道歉，接受了我方的要求。

我并没有感情用事。感情用事只会给公司造成损失，我只是在假装生气而已。借用堀江的话说，就是"不出本人所料"。或许，我这就是变成了"细腻的恶魔"。

2010年，我给员工们发了平均每人一百万日元的年终奖金。我事先没通知他们，是在决算时突然发的。大家都特别高兴。

如果事先通知，大家就会指望多拿奖金。理所当然的权利就会剥夺出其不意的感激。

我的目标是通过发放年终奖金，激发员工们对待工作的最后的韧性。事实上，大家不仅理解了我的意图，而且都庆幸自己进了一家好公司。尽管我付出了多达八亿日元的投资，但我得到了远超这些金钱的回报。这时候，我成了"凶猛的天使"。

任由情绪左右自己的人，是无法胜任经营者的角色的。

别当良药当毒药

> 既不当毒药也不当良药的人，
> 什么事也做不成。
> 而且，多数人都想当良药。
> 然而，拥有引发骤变的力量的，
> 并非良药，而是毒药。

三十多年前，我曾在法国一个名叫格拉斯的小城短暂逗留。

当时，我作为角川书店的新员工，在当地担任某电影的工作人员，制片总指挥是角川春树先生。他重视宣传，喜欢把出版和其他媒体组合运用，制造巨大的声势。我从他的手法里学到了很多东西。

格拉斯是鲜花之城，有三分之二的法国香水和香料是在这里生产出来的。全世界的香水厂商和化妆品公司都聚集在这里，寻找能制作香料的花。

城里有许多调香师。一天晚上，我寻机与一位调香师边喝葡萄酒边交谈。他说：

"追求香味的竞争是存在极限的。争到最后，就算找遍整个世界，也不可能找到更好的香味。接下来就要看能够加入怎样的恶臭。通过加入一滴恶臭，好的香味就会变成前所未有、至高无上的香味。我们现在的竞争，争的就是寻找那种关键的恶臭。"

香水中的恶臭，对人来说就相当于毒药。

我在决定成败的要紧关头，就会服用一滴毒药，只用一滴。因为是毒药，所以会造成痛苦，甚至搞不好会毁灭自己。

当然，平时服用良药就行。良药有一定程度的效果，稳妥安全，也没有副作用。然而，如果要做不流于表面的、打破常规的事，毒药就是不可或缺的。

毒药若是滥用，有致死的危险，但只要不搞错用量，连不治之症也能治好。在工作中决定成败的关键时刻，毒药也能发挥强大的效力。

那么，怎样才能在自己体内精炼出毒药呢？

就是要时刻豁出性命,冒着风险正面硬撞。

那种痛苦会浸入身体,沉淀结晶,得到极小的一片毒药。这种事只有经历过才能明白。

总是在确保力所能及的安全范围内工作的人,永远也得不到毒药。

见

以前我在推特上说,光说漂亮话的人缺乏责任感,结果引起了巨大反响。

我认为,光说漂亮话的人,归根结底是在进行风险对冲。

尤其是领导和经营者的工作,光是好人可做不了。因为必须解决各种各样的问题和矛盾,所以会产生不公平和得失,因此不可能让所有人满意。

妄想不得罪任何人、做到完全公平、光说漂亮话的人,最终什么也做不了。做出某个决定、推动工作进展的时候,肯定会有一部分人表示反对。有时必须向对方施压,或者暗中采取措施,哪怕用尽一切手段,也必须推动工作向前进展。

做这种事也需要具备承担责任的觉悟。

在工作中认识的人,也可以说类似于此。

光说应景话或正确言论的人,是无聊的人。

我在工作中打过交道的有趣的人,大多散发着古怪的气息,或者看起来有某种怪癖。比起看似廉洁清白的人,那些尽全力在边缘游走的人,手上往往掌握着更多的赚钱机会和情报。

他们肯定是冒着各种风险,才掌握了那些赚钱机会和情报的。

从某种意义上讲,把他们拒之门外是很简单的事,但那样一来,就得不到宝贵的情报和有效的门路了。当然,关系也不能陷得过深,否则很危险。

对于经营者来说,在这方面的眼光真的需要相当慎重。

光靠漂亮话,公司将无以维持。

开始经营十多年后,我也终于切实地领会了"清浊并包"这句话的含义。

唯有恋爱才能培养对他人的想象力

想象力不是一朝一夕就能掌握的,
而是在生活过程中逐渐培养起来的。
毫不夸张地说,
想象力的培养等同于工作中人的成长。

打动别人是一切工作的原点。为此需要什么？

需要对他人的想象力。

自己所说的话，对方会怎样理解？是消极的伤害，还是积极的刺激？如果不能敏锐地察觉对方的心理，就无法抓住对方的心。

具备对他人想象力的人，能够吸引人。对方如果觉得你理解他的心情，就会不计得失地为你着想。如此一来，就能收获超出预期的硕果。

那么，怎样做才能培养出这样的想象力呢？

恋爱。

没什么事情能像恋爱一样，使一个人高度敏感于对方的言行，因对方微不足道的态度和言语而欢喜或绝望。

而且，恋爱还能让人明白，有些事光靠一腔热血是没用的，只有了解对方的心情，再与自己的心情相契合，事情才能顺利进展。

为什么恋爱能够培养对他人的想象力呢？因为恋爱是一种受限状态。

对自己而言，对方是独一无二的，无论如何非其不可。没有其他状态能让一个人如此强烈地意识到另一个人的存在。只有在这种走投无路的状况中，才能培养出想象力来。

我的上一代人经历过战争，我这一代人经历过学生运动，以及迅速摆脱贫穷的高度经济成长期。在这些时代，人们要面对一个又一个巨大的障碍，所以不得不顾及他人的存在。

而现如今，要想在人际关系中寻找受限状态，唯有恋爱一途。

经常有人要我给年轻人赠语，我每次的回答只有一句话：

"去恋爱吧。"

有些人本想听到更高尚的话,结果就翻起了白眼。

⑭

这个春天,我有生以来头一次得了花粉症。说老实话,我以前还不明白人们为什么为了区区花粉症而大惊小怪。

我在推特上写了自己患花粉症的事,有人就留言说:

"这回社长你也明白别人的心情了吧。"

我只能苦笑。

公司的管理,归根结底在于用人驭人,提高收益。而驭人之道最重要的,就是站在对方的立场上考虑问题。

我的花粉症也一样,一旦站在对方的立场上,就不像口头说说那么容易了。况且本来就有许多事,即使想站在对方的立场上考虑,实际还是弄不明白。

我刚开始创建公司时,管理起来非常轻松,因为员工都是跟我一般大的年轻人。

当时是二十世纪九十年代,正值泡沫破灭后寻觅不见出口的时候。山一证券破产,连大企业也自身难保。就在这时,风险企业开始进入人们的视野。

当时的年轻人踏上社会时，是怀着怎样的心情？动机是什么？想做什么？由于我和他们是同一代人，所以对于这些问题的答案了若指掌。

我知道自己说什么话能打动员工的心，知道自己创立什么样的组织能让大家竭尽全力地工作。我也想按我的想法去做。

然而，随着公司规模壮大，员工的年龄跨度变大，立场也变得参差不齐了。比如说，我直到结婚以后，才算明白成家之人的想法。

理解对方的立场，工作的幅度就会瞬间拓宽，这是毫无疑问的。我每次能够理解对方立场的时候，都觉得自己作为经营者有了进步。

自己一个人胡猜一气，是绝对无法说动别人的。

㊜

第五章

走向胜利

条条大路通自己

> 罗马人彻底整修道路,
> 是为了向边境秘密派兵。
> 在人际关系中也是如此,
> 只要铺建四通八达的轨道,
> 就能像罗马帝国一样安稳。

文学、政治、音乐、文娱、体育……无论在哪个领域,手中都应该握有三位大师级人物,此外还要有三个朝气蓬勃的新人。这是我的编辑哲学。

回顾《角川月刊》那时候,在音乐世界里,我手中握有坂本龙一、松任谷由实、浜田省吾这三位大师,以及尾崎丰、渡边美里、恰克与飞鸟这三个闪亮的新兴势力。这样会产生什么效果呢?我掌握了整个音乐界,介于两者之间的音乐人纷纷找上门来。

当然,大师的门槛高,通常不会轻易接受工作。例如松任谷由实,我是买齐了她的专辑,经常去看她的演唱会,在后台频繁露脸,才慢慢能跟她说上两三句话的,再没多久就能一块吃吃饭了,甚至在深夜里还能打电话聊聊。最后,从没出过书的她终于在角川书店出版了第一本自传——《口红的传言》,非常畅销。当时,我和她都是二十多岁的年轻人。

新兴势力喜欢同理解自己感性的人打交道。这门槛不高,新人编辑也能秉着共同奋斗的意识,跟他们打成一片。

至于当时在文学领域,主要是中上健次、村上龙、宫本辉、金原峰雄这些人。我和他们整天在一起,有时还会吵架。我都不知道自己被中上健次打过多少次了。只要我没有对他的稿子提出准确的批评,他的拳头就会飞过来。我就是这样被锻炼出来的。

那时候,中上健次作为第一个生于战后的芥川奖获奖作家,在文学界的影响力扶摇直上;村上龙至今仍是我非常要好的朋友;我和住在关西的宫本辉在大半夜煲电话粥成了习惯;我和金原峰雄每天一块喝酒,并约定未来十五年内,他只在角川书店出版自己的书。与这样的作家结下亲密的友谊,是最大的幸福。编辑就是要同作家一起成长。

上面三个人，下面三个人，中间的工作就由我擅自承担了。手中握有那个领域的资深权威和新鲜能量，他们就会汇成一条大河，并最终向我流来。

⑪

或许出乎大家意料的是，我所在的互联网界，其实也是日本式的狭小的村落社会。

村落社会中必然存在居于权力上位的大人物。想开展某项工作时，只要利用好这个大人物，后面的工作就能相对顺利地进行了。通过经纪公司的力量左右局势的文娱界，就是一个很好的例子（顺带一提，是见城先生教会我如何与文娱界打交道的）。

说起互联网界，有乐天的三木谷、雅虎的井上雅博、GMO 的熊谷正寿等多位大人物。

跟他们没有任何关系而大获成功的新公司，几乎是不存在的。

可能有很多人以为，互联网事业只要提供能吸引用户的服务即可。然而，到了拓展事业、召集员工的阶段，与大人物的联系是必不可少的。

而且从地域上来说，互联网公司主要集中在东京的涩谷、六本木周边。不单是日本如此，在美国，互联网企业也集中在以硅谷为中心的西海岸。

在狭小的社会中，无论是好的传闻还是坏的传闻，都会瞬间扩散开来。

或许我也算是互联网界的大人物。例如，当 Cyber Agent 的毕业生独立创业时，我若对其做出承诺或保证，整个业界看待他的目光就会变得截然不同。

因为有大人物的承诺或保证，就能传出好的名声，事业就能进入正螺旋轨道。一个传闻就能使客户增多，投资家聚集，媒体也会来采访，还能雇佣到优秀的人才。

相反，也有人独立以后，不想受到原公司的关照，非要靠自己的力量获得成功。

从现实角度考虑，那只是毫无意义的自以为是罢了。一旦独立创业，首先必须摆脱信用度不足的状态，哪里还有主动进入负螺旋轨道的余暇呢？

在工作中，利用好大人物也是提升信用的关键。

就要花钱买罪受

> 杰出的新生事物,
> 必然触怒很多人。
> 然而不可思议的是,
> 随着时间流逝,
> 非难终将变为称赞。

我任社长的幻冬舍,如今已成长为攻破大型出版社壁垒一角的出版社。当然,起初它只是一个无人理睬的弱小公司。

在报纸上打广告,就算花的钱和大型出版社一样多,也只会刊在中间版面的不起眼位置,而不是第二、三版面;卖出一本定价一千日元的书,所获利润也会因流通过程的区别,而与大型出版社产生数十日元的差距。总之无论做什么,都会碰到既得权和各种制度上的障碍,让人很不甘心。

与大公司同台较量,是绝对无法取胜的。要想战胜既有事物，必须脱出赛台，从外面推翻它。当站在外面的势力足够强大时，就会在其脚下隆起新的赛台。唯有如此，才能开辟出一条通向胜利的道路。

当年，我听见别人说"那家伙很努力啊""干得漂亮"，并不会觉得开心，因为那都是从同一个赛台上传来的不痛不痒、尤有余力的声音。

要想赢得比赛，收获成果，必须让他们说"那家伙真是不可理喻""搞不懂那家伙在干什么"。

为此，我会努力扭转身体，尽最大可能直面更强的风势。这样做当然很辛苦，可是胜利只存在于烈风吹来的方向。创业时在《朝日新闻》上刊登整版广告、第四年的文库创刊、《爸爸》初版五十万册……我接连打破业界常识，每次都很遭罪。

幻冬舍创立仅过九年即上市，也令很多人大跌眼镜。出版界的不景气状况日渐严峻，而且出版社不是把原料加工制成产品，而是要对作者进行无形的才能投资，所以看不到清晰的前景，很多人都说不适合上市。可是，为了使经营变得光明正大，以此刺激自身，创立一个波动性（业绩的变动率）小的公司，我还是选择了上市。

所谓的常识，是由业界内的领先企业制定的。打破常识的最简单的办法，就是从外面打通风洞。这样一来，崩溃的一方就会采取守势，并且很快开始发出悲鸣。

也就是说，你所遭受的罪，终究会成为败者的悲鸣。

⟨见⟩

Cyber Agent 上市时，我只有二十六岁，创下了上市公司最年轻 CEO 的纪录。

没人去做的事，我相信自己能做成，并且不顾一切地向前突进。每周工作百十来个小时，周六不休息，除睡觉以外的所有时间都在工作。

公司上市时，我身边的人纷纷表示反对，而且实际上市以后，社会上也很不看好。但我至今仍认为，如果始终因循守旧，囿于常识，是无法实现创新的。

公司上市并壮大后，我有时还会故意搅乱组织。

例如，为了刺激年轻人，我会突然提拔新员工担任子公司的董事。其他人当然会震惊，从而产生危机感，或者生出希望，认为自己也有晋升的可能。

如果在年功序列制度的安心感中悠闲度日，就无法发挥出真正的实力。

子公司的情况也一样。对于业绩不升不降的子公司，我如果认为这样下去毫无意义，就会下定决心进行改革，故意搅乱局面，比如将事业内容换成完全不同的领域，或是更换所有领导层人员。只有做到这种程度，员工才会动起来。

最近，有个子公司进行了业务变更。该公司的原有业务是做便携手机的广告，却突然转型成了智能手机的广告公司，而且事先没有通知一直合作的任何一家广告主。这并非出于我的指示，而是子公司社长的独断专行。他们必须向广告主做出解释，现场肯定特别混乱。这可真是找罪受。

然而，我对该子公司的社长评价很高。如果他怕遭罪，只肯一点点做出改变，早就被其他公司远远抛在身后了。

只有不惧变革的人，才能领先。停滞不前的人是没有未来的。

打击率 33.3% 的工作哲学

> 概率几乎说明不了任何问题。
> 但是只有一点可以肯定——
> 这个世界上的一切,
> 都是受概率支配的。
> 人们很容易忘记这一点。

在职业棒球的世界里,如果打击率达到 33.3%,几乎就能毫无疑问地成为首席击球员。一个击球员在一场比赛里站上击球区的次数,约为四次,其中只要能选中一次四坏球,打出一次安打,就能凌驾于所有击球员之上。

听起来好像很简单,但实际上,保持每三次击球一次安打是很困难的。

有的击球员偶尔打出五次击球五次安打,就觉得如果保持这个状态,打击率应该就能逐渐提高。他以为,当天做到的事以后还能做到。

如此一来，即使面对不擅长的球路，他也会选择击打，哪怕是四坏球也会出手，结果很快就会扰乱自己的状态，陷入困境，导致打击率降低。

工作也一样。假设某个项目取得了出乎预料的成功，该项目的推动者当然会很高兴，觉得成功来自自身的实力，认为下个项目也会大获成功，结果忘记了自己的一贯做法，采用了自己并不熟悉的方法。

对照我本人的经验来说，这种时候本来就是不可能成功的，甚至会遭遇严重的失败。

成功是异常的。如果不把异常视为异常，最终就会自取灭亡。

胜利的时候更要保持冷静，必须认识到，这其中包藏着导致下次失败的要因。在成功的瞬间就抛弃成功的体验，是最为理想的。把成功当作一个过路站，迅速从零开始，才是健全的心态。

风险企业中一时得势却最终陨落的人，多数都是偶然的巨大成功导致自身状态紊乱而造成的。

比赛总是有胜有负。五次击球五次安打的状态是不可能一直持续的。

保持每三次击球一次安打的稳定状态，维持平均水准，才是持续成功的秘诀。

⑨

大概也是由于受到经济不景气的影响，最近的企业经营的主流做法是尽量避免浪费。可是，浪费难道不是业务的附属品吗？

进展不顺的项目要多于进展顺利的项目，更何况，全部成功本来就是不可能的事。

得到眼前的利益，投资家自然开心，可是如果省去浪费，只瞄准成功的话，下次遭遇重大失败时就会撑不住。

打个比方，脂肪率少的身体固然美丽，可是由于没有赘肉，一旦感冒，就容易引发大病。换作公司而言，这是非常危险的状态。如果业务有近十成的成功率，那倒也无妨，可实际上失败的概率更大。

我认为，做业务需要一定程度的"赘肉"。失败的项目、关键时刻能调用的劳动力、避免树敌的活动资金……企业能否包容这些"浪费",将关系到能否实现中长期的持续性发展。

上学时,我曾受雇于麻将馆,担任职业麻将师,时薪一千日元。通过打麻将,我领会了胜负第六感。

所谓胜负第六感,指的是通过观察所有对手、阅读场上气氛而生出的直觉。要想看透胜负的关键所在,就不能光盯着自己的手,还必须观察对方,阅读局势。

在我看来,做生意就像打麻将,没人从一开始就觉得自己会输。然而,打麻将又和做生意一样,不可能常胜不败。四个人打麻将,胜率始终都是四分之一。

不擅长打麻将的人,如果偶然连胜,就容易忘记四分之一的概率,自以为很特别,见好不收还想乘胜追击。这样的人一旦遭遇连败,往往会自暴自弃,在麻将桌上变得自惭形秽。

在工作中,应该怀着一颗"平常心",时刻做好面对失败的心理准备,然后冷静地加以应对。这一点至为关键。

㊗

创造"世上前所未有的东西"

> 大众对于自己去不了的世界和成不了的名人偶像,
> 会产生如饥似渴的兴趣。
> 但同时,又会对去不了遥不可及的世界,
> 成不了名人偶像感到安心。
> 这种矛盾正是大众的本性。

对于这个世界上的既有事物,没有谁会特别感兴趣。人们想见识的,是这个世界上前所未有的东西,也就是非日常的、非现实的事物。

肯尼迪遇刺、浅间山庄事件、"9·11"事件……报道这些新闻的电视节目能够吸引所有人的关注,是因为这些新闻中反映出了远远异于平凡日常的别样世界。

热门综艺节目也一样。同性恋、超能力者、笨蛋搞笑艺人、大胃王……出演者全是这个世界上前所未见的人。电视工作者为了提高收视率,于无意识中参透了大众的欲

望，便推出了这些角色。

电视世界所体现出的这一事实，并不仅限于当代。

在我看来，江户时代之所以能延续二百多年的和平，是因为歌舞伎的存在。当初，幕府曾以扰乱风纪为由，对歌舞伎予以禁止，后来只允许中村座、市村座、森田座这三个剧团演出。幕府大概考虑到，这样做可以让大众的精力在戏园子里得到释放，从而有效地抑制叛乱。

现如今，歌舞伎已被大众视为高雅的传统表演艺术，但正如市川海老藏卷入暴力事件而引发轩然大波一样，从其祖先初代团十郎在舞台上被对手戏演员刺死一事也可看出，歌舞伎本是更加激烈、刺激的事物。当时的戏园子里涌动的气氛，肯定远比现在的杂乱不堪。各种时尚、文化、信息也是从戏园子里传播出来的。

古罗马帝国之所以能延续四百五十年，整体上天下太平，大斗兽场起到了至关重要的作用。角斗士在斗兽场里同对手或野兽殊死搏斗，令五万名观众陷入狂热。这就是娱乐的原型。这大概也是执政者抑制叛乱的智慧吧。

所谓"世上前所未有的东西"，指的是突破日常性、具备独创性的极端事物。大众会不可避免地被其迷住。

怎样才能创造"世上前所未有的东西"呢？若能经常思考这个问题，大概所有的娱乐业务都能进展顺利。

我就时刻都在思考这个问题。

㊁

Cyber Agent 因 Ameba 而取得了巨大的进步，其中做出最大贡献的，当数艺人的博客。

现在的艺人写博客已经是很平常的事了，可在真锅薰、中川翔子等艺人开始写博客时，真可称得上是出现了"世上前所未有的东西"。因为在那之前，明星的私生活是被遮挡在秘密面纱后面的。以前的吉永小百合、尾崎丰等人的私生活，又有谁能想象得出呢？

艺人博客里有许多令人震惊的内容，仿佛一直高高住在天上的神仙，突然下凡降临到了人间。正因如此，才能赢得那么多人的喜爱。

推特是另一种类似博客的手段，进一步拓宽了用户的视野。

例如，乐天的三木谷社长在推特上拥有近三十万名关注者。要知道，很多明星艺人的关注者也不过一两百万人，所以这一数字已经很可观了。

之所以有这么多的人关注，是因为三木谷社长是一个被重重迷雾包裹的男人。他那么出名，却不上电视，也不写博客，人们很想知道他会在推特上说些什么。

当然，大曝光性质的内容也能深深地吸引大众。

就在不久前，大桃美代子在推特上揭露了一场婚外恋争夫闹剧。大桃女士似乎是一时冲动才写出来的，但那种不经编辑和校阅就公开的鲜活劲儿，正是互联网的妙趣所在。从互联网业务相关人士的角度来看，那才称得上是杀手级内容。

在互联网界，随处可见的内容也是吸引不到访问量的。

想目睹珍稀的事物，想知道隐藏的秘密——人类的这种根源性欲求，直到当代的互联网社会也没有任何改变。

导演一场鲁莽，将其变成精彩

在生意场上，
一切都应该从效果逆向推算。
只要坚持这个视角，
就能自然而然地认清什么是最有效的。

幻冬舍文库创办时，我在报纸上刊登了整版广告，宣传语是"新出来的人要是也瞻前顾后，那还能改变什么？"这完全就是我当时的想法和心情。

文库属于存货业务。创业仅仅第四年的公司要创办文库，肯定在所有人眼中都是胡闹之举。正因如此，我才想做。

真正鲁莽行事的人自然是蠢货。我所说的鲁莽，其实是演戏。只要戏导演得好，就能把鲁莽逆转成精彩。这就是我的目标。

要想获得精彩的成功，可以想想世人和业界眼中的鲁莽是什么样子的，然后只要逆向推算，制订好计划就行了。

我彻底筛选出所有想做成文库本的书（非幻冬舍出版），然后用尽一切手段联系作者，为此东奔西走。

本来，鲁莽是指不顾后果地投入近乎不可能的事情当中，然而我的"鲁莽"，是在确信通过压倒性的努力能够攻破八成难关后才行事，所以实际上，就算在世人眼中是鲁莽，对我而言却根本不是问题。

精彩的成功，能结出出人意料的硕果。

一瞬间就能形成品牌。形成品牌以后，就能带来优质业务。如此一来，就能赚到更多的钱。

2003年1月幻冬舍上市的时候，我就瞄准了"鲁莽"。

当时的市场是此前四五年间最差的。在这种时候，所有公司肯定都会回避上市，想等状况好些再上市。然而在我看来，那是千载难逢的好机会。正所谓物以稀为贵，在价值互攻的股市上，稀少肯定是有利的。正因为我付出了压倒性的努力，所以很有自信。

最终，当月上市的公司只有我们一家。股票的初始价格是201万日元，当天就升到了264万日元。我想模仿艾灵顿公爵的爵士名曲，说这样一句话：

"不精彩，没意义。"

当"鲁莽"成功的时候，看起来是最精彩的。

⑨

常识是指什么？当绝大多数人朝着同一个方向做出相同的举动时，如果有人通过与众不同的事获得成功，就会对世人造成相当强烈的冲击力。

在这个世界上，大家都认为是理所当然的事，其实有不少是不正常的。

例如，为什么到了大学四年级就必须找工作？为什么在银行要工作好多年才有资格当支行长？

若能找出这些常识的弱点并由此突破，就会收获硕大无比的成功。

公司上市时我二十六岁，在那之前还没有不到三十岁的上市公司CEO。不过，我并没有对此感到不安。因为我觉得，就算三十多岁的上市公司CEO很罕见，跟我上市也没有任何关系。

当时，互联网泡沫已经开始呈现崩溃迹象。就像游泳横穿大河，若能抵达对岸，还能稍事休息，如果游不到对岸，就会被河水无情地冲走。当时一旦上市稍迟，就筹措不到大额资金了，所以容不得拖拖拉拉。

我尽管也感到了某种近似于焦急的情绪，但还是客观地认清状况，冷静地采取了行动。

当时，绝大多数人都不认为互联网泡沫真的是泡沫，他们相信眼前的状况能够一直持续下去。到了泡沫果然破灭的时候，那些人都从舞台上消失了。

他们就是随大流的多数派。

那些把媒体报道当真的互联网风险企业经营者，我从他们身上感觉不到自主性。

世间的风潮和舆论容易趋向一个方向，可是冷静想想，其实有很多事都不正常。这种时候不正是机会吗？在前方等待你的，将是一片没有任何竞争对手的蓝海（新市场）。

㊞

大热是地狱的开始

"过犹不及"这句话，
确实含义深刻。
但是仅就工作而言，
越是进展顺利，
必须解决的课题就越多。
是在适可而止的地方停下，
还是主动筑起更高的障碍并尽力跨越？
那就要由自己来决定了。

出版社的人，都希望书的销量好。

为什么会这么想？因为书卖得越多，获利就越多，自然也就轻松快乐。可是，这种想法本身就有问题。即使书很畅销，也不会变得轻松，反而是销量越好，就越辛苦。

只要幻冬舍出版的书开始走红，我就会给责任编辑指派各种任务，比如"策划一些有效的宣传活动""说服作者参加重要媒体的活动""收集更多的推荐文"等，以进一步刺激销量。也就是说，艰难的工作会越来越多，要求编辑在极端条件下做一番苦战。编辑正是由于推出了热门书，所以压力变大，很是辛苦。如果推出的是销量平平的书，编辑就不会承担额外的压力。然而，这份辛苦才是工作的本质。

优衣库的柳井正社长曾在一本刊载了优衣库批评特集的周刊杂志上，说过这样一句话：

"做生意很累很苦，但那正说明你做对了。"

一语中的。他接受了与刊登优衣库批评特集同一期的杂志采访，这本身就很了不起，而这句话更是深刻有分量。

若能推出十万册销量的书，其中的经验就会积累为技巧，下次还能推出十万册销量的书。然而，要想推出三十万册销量的书，就必须品尝新的辛苦。大热作品制作人就是这样成长的。只要这次推出了三十万册销量的书，下次就还能做到。百万册销量的书也是一样。

很多人去研究已经畅销的东西，打算依样创造畅销品，可是这样做并不会大热。大热的条件只有一个，就是"极端"。我所经手的畅销书，都有着共通的特征——无论书的内容还是推销方法，都具备前所未有的极端性。我在会议上否定员工提出的企划时，基本上都会使用固定的台词：

"这样的书早就多了去了。"

创造史无前例的极端事物，当然很辛苦。推出畅销书的过程堪比地狱，而推出以后仍是地狱。

然而，那正说明你做对了。

⑪

我认为，无论商品还是服务，一旦大热就会变成双刃剑。产品大热以后，公司和经营者都有机会实现巨大的进步，但与此同时，也会担负巨大的压力。对于公司而言，成长不是自然发生的，必须做出非同一般的反省才行。

以演艺经纪为例，就容易理解了。假设有一家小型经纪公司旗下的某个艺人突然爆红。走红以后，工作当然会接踵而至，所以必须增加人手，进而需要租用更大的办公室，扩大公司规模，否则完不成那么多工作。然而，演艺圈是个浮沉动荡的世界，该艺人以后也可能爆出丑闻，导致工作量剧减。一旦艺人突然不红了，规模已经扩大的公司就要负担每个月的人工成本、办公室租金等固定费用，如果推不出下一个走红艺人，公司很快就会面临破产的危机。

因此，对于开展持续性事业的公司而言，推出大热产品同时也是在增大风险。

产品大热以后，不要陶醉自满，应该立刻调整姿态，瞄准下个热门产品。经营者自身要有成长的觉悟，要相信自己的成功绝非昙花一现，以后一定还能推出新的热门产品。这一点至关重要。

为了推出下个热门产品，必须制定更高的目标，让组织里的所有人昂首仰望，为实现目标而齐心协力。只要每个人都觉得推出热门产品是理所当然的事，行动计划自然就不会停留在低级水平。目标变得更高，自然就得付出相应的辛苦。

从我个人的经验来讲，公司发展顺利时，也是格外忙碌的阶段。投资家、传媒、想进公司工作的人……必须会见各种各样的人。正是在这种时候，我才必须努力，不会偷懒。公司发展顺利的时候，也是公司成长的机会，此时多加把劲儿，就能打好迈向下一步的基础。

在工作中，努力固然重要，而目标实现后的阶段也尤为重要，因为此时的努力将在很大程度上决定未来。

第六章

指向成功的动机

胜利者一无所获

> 胜利者固然会感到欣喜,
> 但很快就会陷入某种空虚。
> 接受这种空虚吧。
> 胜利只是过眼云烟。

我年轻时,曾购入《海明威全集》埋头阅读。

其中有个短篇集名叫《胜利者一无所获》,开篇是这样一段题记:

> 区别于其他一切争战的前提条件是,不给予胜利者任何东西——轻松、喜悦,还有光荣的念头,统统不给。哪怕收获了确实的胜利,也不叫胜利者的精神中存在任何报偿。

直至今日,我办公室的桌上和自家的书房里,都还贴着"胜利者一无所获"这句话。

当我付出压倒性的努力，跨过高到可怕的障碍时，我并不想要任何赞美。而且我认为，以得到赞美为前提的努力是不能称为努力的。

物欲的姿态，不仅会对工作造成负面影响，还会削弱生命的能量。以金钱、名誉、赞美为目的的人，是无法将不可能变为可能的。

对我来说，成功时独自品尝胜利的滋味并不重要。自然，金钱和名誉也不重要。

重要的是"我还能战"的劲头，仅此而已。

倘若失去了这种感觉，光是想想就很可怕——我的工作和私人生活恐怕都会变得松懈，对于生活的热情也会丧失。

海明威爱好狩猎，喜欢亲赴前线，对于斗牛和拳击满怀激情。

拳击手一面与内心的恐惧和不安斗争，一面站上赛台。只要还有这样的想象力，他就会努力继续拼搏。穆罕默德·阿里就是个中典型。

在橄榄球比赛中，故意冲向敌人密集的方向，从正面突破后触地得分的一瞬间，会感受到令人陶醉的爽快。

海明威是作家中无人能及的行动派，他的这句"胜利者一无所获"，最大限度地道出了我对于生的充实感。

⑲

不可否认，像我一样的年轻创业者，工作的一大动机就是成为有钱人。然而——可能这样说听起来很傲慢——有钱以后就会发现，钱这种东西，真的只是浮云。的确，有了钱就能买到以前买不起的东西，但这种事很快就会让人厌倦。向着某个目标努力前进的过程，才是最有趣的。

以高尔夫球为例。假设有一个人，以达到能参加标准杆赛的水平为目标，开始努力练习。一天，上帝突然心血来潮，让他打出了低于标准杆的成绩，可是他那段时间明明疏于练习，实力根本不够。在这种情况下，他会感到开心吗？要是我可不会。让技术拙劣的自己逐渐变得高明，这个过程才是最最有趣的。

拿这个问题去问其他创业成功的人，回答"从零开始辛苦努力夺得胜利才有价值"的人想必会占绝大多数。

走向胜利的过程会艰难得超出想象，只有付出相应的代价才能达到目标，不得不做出各种各样的牺牲，不得不经历难以置信的痛苦。正因如此，很多人才会说不想再受创业时的那份苦了。见城先生这样说过，我自己也是如此，当初所受的苦，光是想想就难过得想吐。

可是即便如此，我还是希望能够再次从零开始创业，而且我有信心做得更好（似乎在见城先生看来，有这样的想法是因为我还年轻）。

实际上，经历过那么多的无用功，我如今已经很清楚该向哪个方向投资，该在哪些方面多花时间，有很多地方可以改进。所以一旦重新创业，肯定能比现在的公司发展得更快，规模更大。

不过，年轻时算是无知者无畏，有些事正是因为敢想敢做，才能渡过难关，现在恐怕就会因为畏惧而做不到了。这是我唯一担心的地方。

（藤）

不劳无获

> "劳"意味着痛苦和努力,
> 努力则伴随着血汗。
> 因此,得到的补偿肯定很宝贵,
> 就像自身的一部分。

我在角川书店的最后那段时间,感到了莫可名状的不安。随着年龄增大,地位升高,我开始找各种借口疏远那些麻烦的作家和企划,也懒得去看戏剧、电影和演唱会了。身为编辑,不跑现场就是堕落。托庇于角川书店这块金字招牌,只要不得意忘形,地位就足够安稳,可是没有纠葛和痛苦的地方,是什么也诞生不出来的。

我之所以离开角川书店创立幻冬舍,也是因为我想让自己从头开始。要想一直做个优秀的编辑,就得在自己付出压倒性的努力,使默默无闻的事物结出备受瞩目的硕果时,弃之如弃敝屣,始终保持一种直面新的无名事物的姿态。

自我否定难免痛苦，但就算是自力收获的成果，也不能对其产生依赖，否则就是自甘堕落。只有将其归零，然后才能深切地体会到生的鲜活。只要有意选择自己达不到的目标，为之付出压倒性的努力，不就行了吗？

我相信自己的工作能力足以抛下角川书店这块大招牌，所以当幻冬舍刚成立时，尽管它还只是一个默默无闻的出版社，但我仍然相信，以前共事的几位作家会继续跟我合作。事实也的确如此，他们很快就为幻冬舍写出了作品。

在大型出版社等大企业工作过的人，独立发展往往不会顺利。假如你是大企业的员工，周围的人对待你就会像众星捧月一样，使你可能觉得理所当然，因而不再努力，最后很快就会自食恶果。

我从某个时候起，就不再中途雇用从大出版社出来的人了。一直托庇于大品牌的人，一旦换到严峻的环境，可能就不知道怎么工作了。以品牌为依靠，或许能减少痛苦，但也容易忘记努力。

从小出版社出来的人，往往更有实力。因为他们明白，不奋斗就没有收获。

不劳无获。

战胜痛苦后的收获才有价值。

㊅

互联网界的历史较短，还处于发展阶段，新的服务接连涌现，状况时刻都在变化。

在这样的世界里，过去的成功体验起不了什么作用，只能赤裸着投入眼前的工作。

过去在广告代理公司或电视局工作的人来到互联网界，如果打算直接实践以往积累的经验，很可能反而因此吞下失败的苦果。

在互联网界，新鲜事物不断涌现，变化也很剧烈，完全不存在"这样做就能成功"的固定模式，始终只能从零开始，极偶尔才能碰见"这里能利用上次的经验"的情况。

前些天，我语气强硬地对某子公司的社长说：

"现在从事智能手机相关工作的都是年轻人。那些进入公司才一两年的员工，都在拼死拼活地努力工作。你死也不能输给他们！"

他现在三十多岁，在公司内部已经算是老手。我不希望看到他因为自恃资历深，就觉得自己跟年轻人不同，以至于妄自尊大，以不紧不慢的态度对待工作，所以我才用"别在气势上输掉"这样的话去刺激他。

　　经验丰富的年长者在对待工作时，如果与缺乏经验的年轻员工采取同样的姿态，肯定很难为情。

　　人都容易因成功的体验和深厚的资历而得意忘形。抛弃这些是很痛苦的。

　　然而一旦安于现状，就会失去新的收获。

㊙

运动是工作的空拳练习

> 人的思考会受到生理的影响。
> 基于自身体验，每个人都明白这一点。
> 要想拥有灵活的思维，
> 就必须学会控制肉体。

我每周都有六天会去健身房锻炼身体。

我在东京都内的四家酒店的健身房办了会员，只为了在工作告一段落后，能够就近健身。健身时，我会先在跑步机上跑四十分钟，然后进行轻量的肌肉锻炼。

我家里还有模仿骑马姿势的骑马机。每天晚上，我都会边看电视新闻，边跨坐在骑马机上，把速度调到最大，不间断地摇晃十五分钟。

我年轻时的锻炼量更大，每天都要运动两个小时，甚至优先于工作。我真的曾打算练出一身健壮的肌肉，好去参加健美比赛。我当时的卧推重量达到了一百三十公斤。

虽然现在已经大不如前,但我还是像受到强迫观念的驱使一样进行着锻炼。如果哪天因为工作太忙或主观偷懒而没能锻炼,我的心情就会变得很差,产生罪恶感,饭也吃不香,酒也喝不好。

结束锻炼洗过澡后的爽快感,近似于胜利的感觉,会让我觉得自己还能再战。

这次的股份收购事件让我每天都忙得要死,一天里要花四五个小时同几位律师商议。老实说,这两个半月真是令我心力交瘁。不过就算这样,我还是必定抽出时间去健身房,因为锻炼能够激发我内心的斗志。

如果不运动,将对精神卫生非常不利,工作中就不会冒着风险站在悬崖边上了。

锻炼绝非乐事。在开始前会无比郁闷。然而在我看来,不让自己吃苦的家伙是废物。要逼迫自己战胜郁闷,这将在很大程度上影响到工作时的姿态。

工作,本来就是郁闷的。

⑰

以前，我每周去两次健身房，但听了见城先生的话以后，我也变成一周去六次了。我可不能输给年纪足以做我父亲的见城先生。

去健身房这件事，一旦工作很忙，就会陷入恶性循环。

不运动，体力就会逐渐衰减，而体力衰减，就容易疲劳，于是更不爱运动。

工作也是如此。

容易疲劳，对待工作上的问题就会拖延，可光是如此就已累得够呛，于是面对下个问题还会继续拖延。

也就是说，身体管理和负螺旋是联动的。既然如此，就必须让自己走上正螺旋了。

我今年三十八岁。以前什么事都能仗着年轻去撑，现在就不行了。如果不靠运动练出个好身体，就会对工作造成明显的不良影响。工作做到最后关头，终究还是要靠气力来定胜负，而气力则是由体力支撑着的。

幸亏受到了见城先生的影响，我也开始频繁地去健身房。最近，我本来是经常逼自己勉强工作的，但随着去健身房的次数增多，我的身体就像变成了自动的。

不过,睡眠时间不能模仿见城先生。他一天只睡两三个小时也能若无其事,而我要是不睡觉,工作效率的跌幅简直惊人。

我认为,与其不睡觉连轴转,不如好好睡一晚,第二天再做。

工作效率是与体力直接相关的。自己找出最有效率的工作方法,并依靠意志力加以确立和贯彻,是擅长工作的必要条件。

葡萄酒是工作男人的"鲜血"

> 耶稣被绑上十字架前,
> 曾言"葡萄酒乃吾血",
> 以葡萄酒赠予一众弟子。
> 于是他的毕生事业,
> 就被弟子们继承了下来。

无论工作还是运动,让自己受苦以后,有必要慰劳自己。

对我而言,最好的慰劳就是美食和葡萄酒。我以前特别喜欢红葡萄酒,现在则喜欢白葡萄酒。可能是岁数大了,觉得红酒有些浓重。

如果有更多的钱和时间,我肯定会四处搜购葡萄酒,没准儿还会自己酿制呢。

游戏制作公司"CAPCOM"的老板辻本宪三是我的熟人,他对葡萄酒的喜爱也越来越甚,甚至建造了一处名叫"宪三酒庄"的葡萄酒私人酿造厂。他在美国加利福尼亚州的纳帕谷买下了两万三千余亩土地，进行了波尔多葡萄品种的正式栽培。据称，其投入的私人资金超过百亿日元。我也常喝宪三酒庄的葡萄酒，尤其喜欢其中的"朝露"牌白葡萄酒。

辻本先生把事业成功赚到的钱投到了葡萄酒的酿造中。我很理解他的想法。

葡萄酒为何具有如此大的魅力？

它是一种不可思议的饮料。假如我到常去的餐厅，要一瓶七千日元的西西里白葡萄酒，请很厉害的"葡萄酒通"喝，哪怕我说这是一瓶五万日元的葡萄酒，对方大概也会相信。葡萄酒就能蒙人到这种程度。然而，真正顶级的葡萄酒，是特别甘美特别贵的，叫人哪怕出百万日元也想品尝。没有哪种饮料的差价像葡萄酒这么大。这跟生意的成败不也有些相似吗？

生意成功，眼前就会呈现出一幕用此前的标准无法衡量的、令人震撼的光景，就像罗曼尼·康帝酒庄的蒙哈榭、罗曼尼·康帝等葡萄酒一样，带来难以言喻的陶醉感。这种快乐，是与自己积累的努力成正比的。而且，成功者与失败者的差别显而易见。

辛苦了一天后所饮的葡萄酒的味道,是很特别的。不夸张地说,我正是为了夜里能喝上美味的葡萄酒而工作的。在我六十岁生日时,藤田君送给我一瓶罗曼尼·康帝酒庄的特殊年份蒙哈榭。那真是最棒的礼物。

在我眼中,葡萄酒是全力工作的男人的鲜血。

我每晚都会补充鲜血。

㊅

我上学时,并不觉得酒好喝。踏入社会以后,有一天下班回家,喝了啤酒,才觉得简直好喝到不行,从那以后就开始自己买啤酒喝了。

葡萄酒也是,直到三十岁之前,我也不理解它有什么好喝的。当时我只喝过小酒馆和练歌房里提供的廉价葡萄酒。

直到有一次,我被某人带去葡萄酒吧,结果大吃一惊。没想到优质葡萄酒竟然那么好喝。

从那以后,我就对葡萄酒产生了兴趣。了解得越多,越能感受到葡萄酒世界的深奥，有内涵，有历史。而且我也切实地体会到，真正美味的葡萄酒会带来令人震撼的感动。

工作后有没有爽口的啤酒，人生的滋味是截然不同的。葡萄酒也是如此。

那么，是不是说光有啤酒就够了呢？的确，啤酒很好喝，但是人们每天都喝，太日常化了。我完成一项工作的时候，还是更想喝上好的葡萄酒。

此前，年度决算结束后，我开了一瓶特别棒的葡萄酒独自畅饮。这是给朝着目标持续努力的自己的嘉奖。

从压力中解放出来，独自品尝成就感和美味葡萄酒的时候，可以说是我最幸福的时候。

前些天，我请公司里喜欢葡萄酒的员工喝了我家里的葡萄酒。当时开了好几瓶，喝到罗曼尼·康帝的时候，大家纷纷表态："从明天开始还会努力工作。"

当然，我请他们喝葡萄酒，并非出于这样的打算。

葡萄酒里可能蕴含着某种能够提高工作积极性的东西吧。

去不了"京味"餐厅就放弃工作

> 人之至难在于自知。
> 可以说,人不可能完全了解自己。
> 但是可以在自己身边,
> 设置清楚明白的指标,
> 作为了解自己的手段。

东京西新桥有一家日式高级餐厅,名叫"京味",那里的东京料理美味正宗,被誉为日本料理的巅峰。

我二十五岁时,曾随作家有吉佐和子女士去过一次。其后的三十五年间,我一直常去。多的时候,一周就会去一次,所以至今已近千次了吧。

据店主西健一郎先生说,现在还去的常客里,数我去的次数最多。

"京味"很贵。两个人就得消费十多万日元,但是味超所值。

以前我就总想，要是自己哪天去不了"京味"了，就会放弃工作。现在我也这样想。对我来说，去不了"京味"就意味着工作不顺。也就是说，"京味"是我工作的绝对前提。

并不是夸大其词。我真的在想，如果去不了"京味"，就找处乡下待着，晴耕雨读好了。

我觉得自己可能再也去不了"京味"，是在四十二岁离开角川书店创立幻冬舍的时候。

"我想工作一时不会顺利，所以今后可能来不了了。"

听了我的话，西先生却说：

"你这是说哪儿的话。我不收钱，等你成功以后再还就行。请继续来吧，我不给你发账单。"

我感动得热泪盈眶。

当时是十一月，公司成立刚登完记，到出版第一本书的翌年三月，大概是半年时间。实际上，那段时间里我又去过很多次"京味"，店主没问我要过一次钱。

幸运的是，幻冬舍推出的前六本书都卖得很好。我用赚到的钱付清了半年来的欠款。

所幸从那以后，我再没拖过一次账。只要店主发来账单，我就会立刻汇款。如果做不到这一点,我就会放弃工作。

再没有什么工作指标比这个更清楚了。

㊅

有些寿司店等高级餐厅,会向不同的客人提供不同的菜品和账单。重要的客人和不太重要的客人,分得很明显。

有人不喜欢这样的店,但我不这样认为。考虑到店的档次,这不是理所当然的事吗?

适不适合去高档次的店,可以作为衡量自身的尺度,所以这种店的存在是很重要的。

对我来说,西麻布的葡萄酒吧"埃斯佩兰斯"就是这样的店。

同时,还有一些场所对我来说门槛仍然很高,比如高尔夫俱乐部中的小金井乡村俱乐部。

我并没有把能去那里当作目标,但是当我能够毫无违和感地在那里享受高尔夫的时候,我应该就能清楚地认识到自己的成长了。

相反,在落魄的时候,肯定很难认识到自身的成长,因为没人会说我进步了，而且也很难准确地做出自我评价。

在这种时候，适合自己的餐厅、酒店、飞机舱位等，就会成为帮助我们认识自身位置的简单目标。

以人而喻，大概相当于对手。

如果自己身边存在高水平的对手，我们出于不服输的心理，就会更加努力；反之，如果周围的人水平都很低，我们自觉高人一等，就容易变得不思进取。无论作家还是音乐家，不都是如此吗？这个道理看似并不重要，其实却能左右成败。

如果没有对手，就算能够进步，也必然止于山大王的程度。一旦满足，进步就会停止。

幸好一直以来，我都被成功的风险企业经营者们团团包围着，我们能给予彼此好的影响。

㊙

是男人就要战斗到流尽最后一滴血

> 明治时代,新岛襄欲在日本传播基督教,
> 受到了佛教徒等人的猛烈攻击。
> 他在勉励年轻人的信上所写的这句话,
> 最大限度地鼓舞了当代的商务人士。

2010年,在我六十岁的生日那天,京都造型艺术大学和东北艺术工科大学的董事长德山详直先生给我发来了这样的祝贺电报:

> 是男人的话,输一战不能放弃。输了第二、第三战,也不能放弃。哪怕刀断箭绝,还是不能放弃。直到粉身碎骨,流尽最后一滴血,才能放弃。——新岛襄
> 生日快乐。

说起新岛襄,我只知道他是基督教徒,创立了同志社大学。没想到他竟是胸怀如此激情的人物。

那段时间，有一家身份不明的基金组织，收购了幻冬舍三分之一以上的股份，宣布以 TOB（要约收购）形式进行 MBO（管理层收购）。我陷入了困境。收到电报的那天，正是条件变更后的 TOB 完成的第二天。

我需要用于战斗的准备资金，就把房子和全部财产抵押给了银行。偏偏那天正是我六十岁的生日。

对手已经持有超过三分之一的股份，有权否决股东大会上提议的重要事项，但我还是孤注一掷，决定召开临时股东大会，以期退市。

老实说，当时很痛苦。我是在进行几乎必败的一战，但我认为自己不能再后退了。我相信只要付出压倒性的努力，就一定能开辟出一条路来。自从那家身份不明的基金出现后，我没有一天睡过两个小时以上。

周围的人都反对召开临时股东大会。我记得以前也发生过这样的事。是什么时候？是我独立后创建幻冬舍的时候。自那以后过了近二十年，我再次被迫面对生死关头。

2011 年 2 月 15 日，临时股东大会召开了。凭借戏剧性的逆转，幻冬舍退市成了板上钉钉的事。

从下定决心到大会召开的一个半月里,是那封电报上的新岛襄的话使我生出了勇气。

㊁

我特别喜欢日本的 Hip-Hop。

主要是喜欢歌词。写得很用心,充满现实主义和反叛精神,直入人心。

公司创立以后,我也从中获得了很大的勇气。

Hip-Hop 虽属不良文化,却拥有笔直前行的坚定力量,也有点离家独立的意思。对于这种想要真实地传达自己的生活和心情的姿态,我很有共鸣。

去听 Hip-Hop 的现场演唱会,我能产生良好的共鸣,也就是得到积极的能量,从而激发努力的热情。

日本的 Hip-Hop,是从模仿美国开始起步的,然后吸纳日语和日本文化,实现了独自的发展。

包括应时性的因素在内,Hip-Hop 与日本的互联网界很相似。这方面或许也是使我产生共鸣的原因之一。

我头一次听 Hip-Hop 是在学生时代,那张专辑是

RHYMESTER 的 *EGOTOPIA*。

其中有句歌词是:"总有一天,我要叫看台上的解说员们,集体沉默。"

我特别喜欢这一段,它给了我莫大的勇气。

二十四岁创立公司,因为年轻而不受信任,有着无数次悲惨的回忆,因不安和焦虑而失眠,险些被压力压垮,还习惯了因为钱的事而被人批评,被人背后说坏话,被人嫉妒,被人拖后腿,被人造谣……

我之所以能跨越工作中的这些"郁闷",是因为我心怀着远超"郁闷"的"希望"。

本书——尤其是见城先生的那句警句——若能帮助大家把郁闷与希望联系起来,那将是我最大的喜悦。

㊢

后　记

"不忧郁，非工作"。

我很喜欢这句话，尽管它是出自我自己之口。

因为我特别喜欢艾灵顿公爵的爵士乐名曲《不摇摆，无意义》，这句话就与其相似。

同爵士乐一样，在工作中，重要的东西也是摇摆的。

工作是"正"，郁闷是"负"。只有在正负两极之间摇摆，才能收获成果。此即所谓不摇摆，无意义。

实际上，工作始终伴随着负的部分。这部分如果太大，就会变成逆境。

制作本书的过程，与幻冬舍突然爆发的MBO骚乱几乎处于同一时期。从这个意义上讲，本书可谓应运而生。

为了公司的今后考虑，这次骚乱令我决意退市，使我尝到了前所未有的痛苦。那家身份不明的基金持有三分之一以上的股份，我几乎毫无胜算。然而即便如此，我还能付出压倒性的努力，敢于直面困境，正是这段时间在制作本书的缘故。

这几个月，我每周都会同藤田君碰一次面。他的摇摆是内敛的，由此形成的宁静、深邃的气质，不知给我增添了多大的勇气。我跟他说了自己对于工作的很多想法，学习他的样子，令自己受到了鼓舞。

而且在此期间，我经常想起大石内藏助的绝命诗：

快哉！灵台清明，舍生取义，浮世月净，片云不遮。

倘若当真事不可为，我也愿潇洒离去。

临时股东大会的前一晚，我躺在床上，感觉心里一片澄澈。我想，自己该做的都做了，接下来只能听天由命。于是我一下子就沉入了梦乡，仿佛此前持续了两个半月的失眠全是假的。

第二天，退市决议顺利通过，我终于摆脱了困境。

想成事就得拼尽全力。如果有人因进展不顺而叹气，我就想问他：

"你拼尽全力了吗？"

拼尽全力，百折不挠，担着风险度过郁闷的每一天。唯有如此，才能使自己的心如净月无遮，不至于后悔。

无论对于工作还是生活，这都是最重要的。

由于我相对年长，所以在企业家的圈子里，有几个人硬是尊我为大哥，比如 Avex 的松浦胜人、Cyber Agent 的藤田晋、Nexyz 的近藤太香巳、GMO 的熊谷正寿、Diamond Dining 的松村厚久（按认识的先后顺序）等人，可说是其中的代表。同他们的长期交往给了我很大的激励，我一直发自内心地感激他们。

这次，我和藤田君合著本书，是出于同藤田君交流过的讲谈社的原田隆君的强烈希望。原田君和我也是老朋友了，从他刚工作时到现在，我俩已经打了三十年的交道。若是没有原田君的尽心尽力，就不会有这本书，那么其间发生的股份骚乱恐怕也会出现不同的结果。

只要还活着，就不能放弃战斗。越是紧要关头，越不能计较利害得失。当做出必死觉悟的时候，之前以为不可能撬动的大石也会变得松动。

   倘行此事，必至此果。吾既知之，何仍为之？大和魂使然。

  浦贺偷渡失败后，在被护送至江户传马町的途中，吉田松阴于忠臣藏四十七士之灵长眠的高轮泉岳寺前，吟出了此诗。这可算是对大石内藏助的绝命诗的酬答之诗。

  而今于我花甲之年，这首诗在我心中回响不已。

  正面突破。

  自己若不受伤，又会有什么能打动我的心呢？恋爱、工作、人生，莫不如此。

  从今以后，我也只能继续付出压倒性的努力。

  最后，我想再添一句：负责本书构成的前田正志君，也是很会摇摆的干将哦。

见城彻

图书在版编目（CIP）数据

硬派工作：以压倒性努力正面突破困境 /（日）见城彻,（日）藤田晋著；
程亮译. — 南昌：江西人民出版社，2017.8
ISBN 978-7-210-09248-3

Ⅰ.①硬… Ⅱ.①见…②藤…③程… Ⅲ.①成功心
理—通俗读物 Ⅳ.① B848.4-49

中国版本图书馆 CIP 数据核字 (2017) 第 056198 号

《YUUUTSU DE NAKEREBA SHIGOTO JANAI》
©Toru Kenjo /Susumu Fujita 2013
All rights reserved.
Original Japanese edition published by KODANSHA LTD.
Publication rights for simplified chinese character edition arranged with KODANSHA LTD.
through KODANSHA BEIJING CULTURE LTD. Beijing, china
本书简体中文版由银杏树下（北京）图书有限责任公司出版。

版权登记号：14-2017-0177

硬派工作：以压倒性努力正面突破困境

著：[日] 见城彻　藤田晋　　译者：程亮　责任编辑：王华　钱浩
出版发行：江西人民出版社　　印刷：北京京都六环印刷厂
889 毫米 ×1194 毫米　 1/32　 5.25 印张　 字数 145 千字
2017 年 8 月第 1 版　 2017 年 8 月第 1 次印刷
ISBN 978-7-210-09248-3
定价：36.00 元
赣版权登字 -01-2017-205

后浪出版咨询(北京)有限责任公司 常年法律顾问：北京大成律师事务所
周天晖 copyright@hinabook.com

未经许可，不得以任何方式复制或抄袭本书部分或全部内容
版权所有，侵权必究
如有质量问题，请寄回印厂调换。联系电话：010-64010019

《创业，生与死》

著　　者：【日】板仓雄一郎
书　　号：978-7-5502-4769-7
页　　数：304
出版时间：2015.04
定　　价：39.80 元

成功范本太多，失败范本少见。

而《创业，生与死》则是一本真正意义上"失败经验谈"，也是在日本最畅销的创业参考案例。

板仓雄一郎，1997 年之前是当时日本的"天才创业家"；1997 年之后是涅槃重生的励志偶像。他为何能在短时间内获得巨大成功，又如何在短短两年内使公司从辉煌走向了破产？

他虽没成就造就一个成功的公司，却留下了最有价值的参考。

那些别人没能挺过的创业难关，祝你们好运。

内容简介

1997 年之前他是日本 IT 界炙手可热的金童、比尔·盖茨的事业伙伴。1997 年后公司破产，负债高达 37 亿日元。

这种大起大落是经济形势的衰败所致还是个人的经营失误？

本书是作者板仓雄一郎的创业生涯体检报告，从创业之初到最后失意破产的整个过程都进行了生动的描写。意气风发筹备纳斯达克上市、资金链断裂银行纷纷上门追债、融资无门破产收场……短短两年间他经历了人生的顶点和谷底，也为我们注解了那时日本经济的沉沉浮浮。最后他彻底检讨了自己的失败，希望自己挫败与荣光的事业经验可以为有意开拓新事业的诸位提供有价值的参考。

通过这本书，也希望你能从板仓雄一郎的失败中汲取养分，进而掌握成功的契机。